"十四五"普通高等教育本科部委级规划教材

四大名缬

中国传统纺织印染艺术

王妮 ◎ 编著

中国纺织出版社有限公司

内 容 提 要

本书以中国传统印染艺术的四大印染（染缬）文化与工艺为主线，系统梳理了扎染、蜡染、蓝印花布、夹染工艺的发展变迁与制作方法。同时融入国家级非物质文化遗产印染项目内容，符合我国当下大力推进纺织非遗传承与发展的政策背景。本书在文化价值和学术价值上具有双重意义，内容结合作者多年在传统印染方向的田野考察以及科学研究，实例丰富，学术研究性强。

本书可作为纺织服装类高校教材、文化和旅游部研培传统印染方向的教学用书，也适用于传承人、印染工坊实践者、印染专业研究者以及印染设计师等读者群体。

图书在版编目（CIP）数据

四大名缬：中国传统纺织印染艺术 / 王妮编著. 北京：中国纺织出版社有限公司，2024.10. --（“十四五”普通高等教育本科部委级规划教材）. -- ISBN 978-7-5229-2058-0

Ⅰ. TS190.6

中国国家版本馆CIP数据核字第2024CL0077号

责任编辑：宗 静 郭 沫　　特约编辑：渠水清
责任校对：寇晨晨　　责任印制：王艳丽

中国纺织出版社有限公司出版发行
地址：北京市朝阳区百子湾东里A407号楼　邮政编码：100124
销售电话：010—67004422　传真：010—87155801
http://www.c-textilep.com
中国纺织出版社天猫旗舰店
官方微博 http://weibo.com/2119887771
北京通天印刷有限责任公司印刷　各地新华书店经销
2024年10月第1版第1次印刷
开本：787×1092　1/16　印张：16
字数：270千字　定价：68.00元

前言 PREFACE

在中华民族五千年的历史长河中，纺织文化与技艺具有非常重要的地位和较高的价值，谱写着中华民族传统服饰文化灿烂辉煌的篇章。古时的“四大名缬”传统纺织印染文化与技艺，造就了传统服饰经典的色彩与图案，形成了流传至今的纺织类非物质文化遗产。2023年教育部新闻发布：将非遗人才培养摆在国策重要位置！全面推进将非遗传承特长纳入国民教育体系和学校美育工程！强化非遗专业建设，培育人才力量！可见，从农耕社会的传统手工技艺到当下非遗印染传承与创新，需要系统性梳理出名称转变、历史发展、文化技艺、非遗项目、创新实践等详细过程，从文化传播与非遗保护的视角进行教研思考。

本教材是基于武汉纺织大学服装学院的专业选修课程“创意手工印染”与非遗通识课程“荆楚纺织非遗传统印染”的理论与实践教学基础上，结合编者多年的田野调查研究，编写完成了“十四五”普通高等教育本科部委级规划教材《四大名缬——中国传统纺织印染艺术》。旨在深入探讨传承至今的传统印染文化与技艺的发展变迁，教学改革与人才培养的创新模式。以弘扬中华优秀传统文化的课程思政元素，润物细无声地融入每个章节的教学内容之中，能够激发起学生强化文化自信，实践国潮流行设计，培育以“懂非遗 会染色 有情怀 会设计”的传统印染服饰创新设计人才为理念，切实践行非遗融合创新、活态传承的新路径。

课程经历由2006年初创期至今近20年的教学改革，秉承我校“崇真尚美”的校训，从探索平面印染工艺提升到服装与服饰印染设计与工艺的教学，积极研发本土非遗印染传承创新课程。教材编写依托我校国家级一流专业建设点——服装与服饰设计，深度探索产教融合背景下的传统手工印染技艺在劳动教育、文化赋能、科技驱动、非遗传承等方面的育人模式。立足课堂学生的学情分析与企业“真问题”需求为导向，形成“产教融合 教学双向”的模式。强调：理念更新、模式创新、内容翻新以及形式多元的教学方法，培养学生知识应用和创新实践高阶思维能力。最终形成：传递手作温度，赓续文化生命，推动教学创新，培养一流人才的目标。

课程教材内容共九个章节，分别以中国传统染缬发展概况，四大名缬——绞缬、蜡缬、夹缬、灰缬，其他少数民族地区印染技艺，中国传统印染染料分类与实践，中国传统印染传承与创新应用，中国传统染缬课堂习作赏析几个篇章展开，详细厘清了四大名缬的前世与今生，从文化浸润的视角让读者清晰地了解千年工艺的发展脉络和基因传播。尤其国家级非遗项目的植入，能够让学生切实了解非遗印染项目的分布区域和非遗代表性传承人，更能深入地学习和掌握不同地区的非遗印染技艺，为后期的创新设计提供丰富的非遗基因养分。教材课程内容中的理论学习、实践操作、分组讨论以及项目制教学、问题导向和翻转课堂等均可根据不同学校的相关课程设置而定。

教材课程中大量的调研和实践均出自武汉纺织大学服装学院“纺大染语团队”师生多年的一线教学成果，该课程于2024年6月荣获第八届湖北省大学生艺术节高校美育改革创新案例一等奖，7月荣获第四届湖北省高校教师教学创新大赛产教融合赛道一等奖，8月荣获第四届“智慧树杯”全国课程思政示范案例教学大赛二等奖，同时也是2021年中国纺织工业联合会“纺织之光”教学研究项目结项成果与湖北省教学改革研究项目结项成果。

本教材在编写过程中收集整理和归纳总结了很多相关领域专家学者与非遗传承人的文献资料与作品图片，非常感谢学术领域和传承领域在前期研究成果中所作出的巨大贡献。同时感谢武汉纺织大学学术出版专项基金资助、服装学院及教育部中华优秀传统文化传承基地（汉绣）平台的大力支持，以及华中师范大学国家大学科技园、国家文化产业研究中心的校外平台推广与宣传，还有相关纺织类非物质文化遗产国家级、省级印染项目代表性传承人的指导与帮助！由于时间有限，教材中难免有不完善之处，还请专家学者、行业高校、非遗传承人们批评指正。

编著者

2024年9月

教学内容及课时安排

章/课时	课程性质/课时	节	课程内容
第一章 （2课时）	理论基础 （2课时）	•	**中国传统染缬发展概况**
		一	四大名缬缘起
		二	先秦时期染缬
		三	秦汉时期染缬
		四	唐宋时期染缬
		五	元明清时期染缬
		六	近现代时期染缬
第二章 （4课时）	理论基础（2课时） 实践操作（2课时）	•	**中国传统染缬——绞缬（扎染）**
		一	绞缬的定义与起源
		二	绞缬地域分布
		三	绞缬艺术特色
		四	绞缬图案分类
		五	绞缬制作工具
		六	绞缬制作技艺
		七	绞缬面料与染料
		八	国家级非物质文化遗产——白族扎染技艺
		九	国家级非物质文化遗产——自贡扎染技艺
第三章 （4课时）	理论基础（2课时） 实践操作（2课时）	•	**中国传统染缬——蜡缬（蜡染）**
		一	蜡缬的定义与起源
		二	蜡缬地域分布
		三	蜡缬艺术特色
		四	蜡缬图案分类
		五	蜡缬制作工具
		六	蜡缬制作技艺
		七	蜡缬面料与染料
		八	国家级非物质文化遗产——苗族蜡染技艺（贵州省丹寨县）
		九	国家级非物质文化遗产——凤凰蜡染技艺
		十	国家级非物质文化遗产——安顺蜡染技艺
		十一	国家级非物质文化遗产——苗族蜡染技艺（四川省珙县）
		十二	国家级非物质文化遗产——黄平蜡染技艺
		十三	国家级非物质文化遗产——织金苗族蜡染技艺
第四章 （4课时）	理论基础（2课时） 实践操作（2课时）	•	**中国传统染缬——夹缬（夹染）**
		一	夹缬的定义与起源
		二	夹缬地域分布
		三	夹缬艺术特色
		四	夹缬图案分类

续表

章/课时	课程性质/课时	节	课程内容
第四章（4课时）	理论基础（2课时） 实践操作（2课时）	五	夹缬制作工具
		六	夹缬制作技艺
		七	夹缬面料与染料
		八	国家级非物质文化遗产——蓝夹缬技艺（浙江省温州市）
第五章（4课时）	理论基础（2课时） 实践操作（2课时）	•	**中国传统染缬——灰缬（蓝印花布）**
		一	灰缬的定义与起源
		二	灰缬地域分布
		三	灰缬艺术特色
		四	灰缬图案分类
		五	灰缬制作工具
		六	灰缬制作技艺
		七	灰缬面料与染料
		八	国家级非物质文化遗产——蓝印花布印染技艺（江苏省南通市）
		九	国家级非物质文化遗产——蓝印花布印染技艺（湖南省凤凰县）
		十	国家级非物质文化遗产——蓝印花布印染技艺（浙江省桐乡市）
		十一	国家级非物质文化遗产——蓝印花布印染技艺（湖南省邵阳县）
第六章（2课时）	理论基础（2课时）	•	**其他少数民族地区印染技艺**
		一	布依族枫香染
		二	白裤瑶粘膏染
		三	彝族泥染
		四	水族豆浆染
		五	藏族矿植物颜料制作技艺
第七章（4课时）	理论基础（2课时） 实践操作（2课时）	•	**中国传统印染染料分类与实践**
		一	植物染料
		二	矿物染料
		三	动物染料
		四	染色实践
		五	植物印染服饰设计作品训练
第八章（4课时）	设计实践（4课时）	•	**中国传统印染传承与创新应用**
		一	家纺产品
		二	服装产品
		三	文创产品
第九章（4课时）	设计实践（4课时）	•	**中国传统染缬课堂习作赏析**
		一	个人创作
		二	主题系列

注　各院校可根据自身的教学特点和教学计划对课程时数进行调整。

目录 CONTENTS

第三章 中国传统染缬——蜡缬（蜡染）

第四章 中国传统染缬——夹缬（夹染）

第五章 中国传统染缬——灰缬（蓝印花布）

第一章

中国传统染缬发展概况

第一节　四大名缬缘起

中国传统纺织染色历史悠久，深厚的染色文化与精湛的染色技术造就了璀璨绚丽的中国传统色彩体系。经历了五千年岁月积淀，中国传统“四大名缬”成为穿越千年的经典工艺。织物上的染色印花，在古代称为“染缬”，主要用于丝绸印染，按其工艺可分为绞缬、蜡缬、夹缬和灰缬，其中绞缬即今天所说的扎染，蜡缬即蜡染，夹缬即夹染，灰缬即蓝印花布。[1]传统染缬的不断发展是迎合人们生活需求而出现的，如果在染色的基础上再加入装饰物，能使丝织品的色彩和纹样更加漂亮，给人们以美的享受（图1–1），作者在中国丝绸博物馆调研时拍摄的“染缬绘绣”其中的染缬居于绘绣之首。可见，印染加手绘、刺绣等方式，成为纺织品的主要服饰工艺。图1–2所示是“缬”的字体也经历了几千年的变化，从小篆到楷体的字体变化，其中楷体是现在最常用的。

图1–1　染缬绘绣（图片来源：中国丝绸博物馆调研拍摄）

繲　缬

小篆
前221~约8年

楷体
约151年至今

图1–2　缬的字体演变

染缬据记载是始于秦代，此时的染品较少，还处于起步阶段，汉代的凸版印花在当时已经算是较为高超的手工技艺了。随后到了南北朝时期，印染技艺开始广泛用于服饰，在当时颇为流行，纹样较多，大多根据植物花样、动物斑纹和几何图形等构思而来，类型极为丰富。到了唐代，印染技术的发展已经非常成熟，中唐以后，人们甚至把穿染缬织物作为社会流行的标志，许多唐代绘画的作品，如周昉的《簪花仕女图》、张萱的《捣练图》等众多名画以及唐三

彩和敦煌壁画中，都可以看到染缬的广泛应用。在明清时期，雕版印刷的兴起极大提高了印染的效率，同时带动着木板、纸板和绢网印染套色印花技术的发展，明清丝织品的精美工艺、色彩的丰富艳丽，体现出当时织绣水平的高超和印染技艺的精湛。当时丝织品魅力无穷、色彩绚丽，当时统计色样多达88种，而且色泽深浅不同，色谱齐全，为这一时期手工印染技艺水平提升打下了坚实的基础，使其在今日的回顾当中，风韵依然不减，散发着耀眼的光芒。[1]

一、绞缬

绞缬，今称扎染，古称“绞缬”“扎缬”，又名“撮缬”“撮晕缬”，距今已有1500年的历史，兴起于秦汉、盛行于隋唐，目前除在日本、印度、柬埔寨、泰国、印度尼西亚、马来西亚等国有所保留，我国的西南少数民族地区依然存在，尤其，以云南大理周城的扎染尤为著名，大理周城扎染的地位从其“白族扎染之乡”这一称号中也能看出。

在中国。有文献记载，绞缬起源于黄河流域，但最早出现的时间尚无定论。目前现存最早的绞缬制品出土于新疆维吾尔自治区阿斯塔纳墓群的大红绞缬绢（图1–3），采用木棉制布，为西凉建元二十年（公元384年）的扎染制品，这也是世界上出土最早的扎染织物，现存于新疆维吾尔自治区博物馆（图1–4），红色的印染处与白色的防染处形成鲜明的对比，十分惊艳。

隋唐时期，绞缬的制作工艺已经十分发达，并且规模也达到了史上前所未有的壮观。随着植物染料的不断丰富，手工印染业的快速发展，具有手工审美意味的绞缬织物更加的流行，对绞缬的使用在当时已经形成一种风尚。[2]尤其到了盛唐，绞缬更是得到了前所未有的发展，与当时的开放心态、文化自信的社会风尚相呼应，绞缬图案从而也更加自信大胆、风格独特。杏黄地目结纹绞缬便是唐代绞缬实物，与大红绞缬绢同样出土于新疆维吾尔自治区阿斯塔那墓群，现存于中国丝绸博物馆，黄色的地，扎缬处是白色的防染效果，依然可以看到两千多年前古人高超的手工技艺。图1–5是笔者在调研中国丝绸博物馆时拍摄到的实物图片。

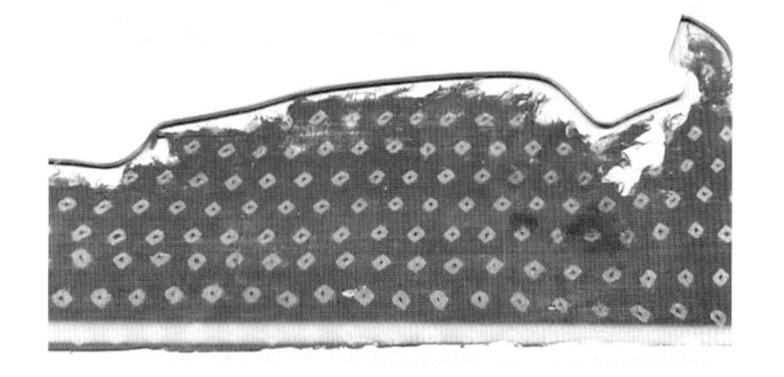

图1–3　新疆维吾尔自治区阿斯塔纳墓群出土的大红绞缬绢

图1–4　新疆维吾尔自治区博物馆（图片来源：新疆维吾尔自治区博物馆调研拍摄）

图1-5　唐代杏黄地目结纹绞缬（图片来源：中国丝绸博物馆调研拍摄）

北宋宋仁宗时期，因绞缬工艺费时费工，过于奢华，便被下令禁止在中原地区生产，导致中原地区的染缬技艺曾一度失传。后来到宋仁宗天圣年间，兵士们才得以穿起绞缬类的服装，普通百姓仍然禁止穿戴绞缬类制品，此条规定直至南宋末期才正式取消。直至19世纪中叶，合成染料出现，再加之绞缬制品本身独特的生产工艺属性不再适应现代化和大批量生产化发展的需求，于是，绞缬只得以在一些比较偏远的地区被保存下来并继续流传，其他地区已经慢慢失传了。[3]

二、蜡缬

蜡缬，现今被称为蜡染，也被称为“臈缬”，与扎染（绞缬）、蓝印花布（灰缬）、夹染（夹缬）并称为我国古代四大印染技艺。中国蜡缬工艺源远流长，汉代、唐代达到制作工艺上的鼎盛时期，之后主要出现在西南少数民族地区。蜡缬是一种以蜂蜡作防染剂，加热后在丝帛上用手工绘制的图案，然后进行除蜡处理除掉后形成的花纹式样，蜡染技术在唐代尤为盛行，技术也很成熟。当时的蜡染可分为两种：单色染与复色染，复色染可以套色四五种之多。[4]

蜡染在我国的起源最早可追溯到秦汉时期，《后汉书·南蛮传》中提到：秦汉时期，“武陵蛮”的苗族先民就已经开始“织绩木皮、染以草食、好五色衣、裳斑斓”。[5]

我国是蜡染的发源地之一。关于蜡染的起源，说法众多。有说源于古代波斯，有说源于中国，也有人认为始于印度等地。早在公元前1500年，埃及的蜡染技艺已相当成熟，于是埃及被认为是蜡染的发源地；赵丰教授在其所著《丝绸艺术史》一书中通过考证新疆民丰地

区出土的蜡染棉制品残片，根据残片中神像头后背光所具有的印度文化元素和文献记载可以推测，推测印度也应是蜡染的发源地之一。[6]此外，我国也是蜡染的发源地之一，陈维稷教授主编的《中国纺织科学技术史》认为，蜡染技术最初起源于西南少数民族，其历史可以追溯到秦汉时期，人们当时已利用蜂蜡和白蜡作为防染材料制作出白色图案的印花布，这早于印度和埃及好几百年。美国学者杜马斯·弗朗西斯·卡特（Thomas Francis Carter）在其所著的《中国印刷术的发明及其西传》一书中说："现存中国的早期蜡染实物，比埃及、日本、秘鲁、爪哇所发现的实物要早得多，特别是在敦煌石窟和新疆吐鲁番出土的蜡染纺织品足以证明。"[7]

深入研究清楚蜡染的起源是一件很困难的事情，因为在具体研究的过程中，蜡染的实物出土至关重要，但是，古代的蜡染制品主要是为普通民众所用，也有部分作宫廷赏赐之用。而平民百姓的丧葬又多从简，这就导致蜡染的出土实物较为稀少，在数量上与帝王、贵族的陪葬丝织品难以相比，给研究蜡染的具体起源也带来了一定的阻碍。但是，通过前人的研究，我们可以发现，中国是蜡染的重要起源地之一是不可否认的事实。

三、夹缬

夹缬是我国古代印花染色的方法之一，在两块木板上雕刻出同样的花纹，将绢布对折夹入两块木板中间然后入缸染色。

关于夹缬起源时间的说法众多，但是主要集中在秦、隋、唐三个时期。秦代说，主要是通过宋代高承《事物纪原》中所记载："秦汉间有之，不知为何人造"为主要依据，但无出土文物，其细节可考性并不如隋、唐两代。隋代说，源于五代时期马缟所著的《中华古今注》记载："隋大业中，炀帝制五色夹花罗裙，以赐宫人及僚母、妻。"文献记载详细，但目前并没有早于盛唐时期出土的文物加以佐证夹花罗裙。唐代说，主要依据于宋代王说："玄宗时柳婕妤有才学，上甚重之。婕妤妹适赵氏，性巧慧，因使工镂板为杂花之象而为夹缬。因婕妤生日献王皇后一匹，上见而赏之，因敕宫中依样制之。当时甚秘，后渐出，遍于天下。"这说明夹缬经历了由上到下、从宫廷到民间的普及过程。此外，日本作为唐代时期与中国交往频繁的国家之一，也拥有大量的唐代夹缬实物，如日本正仓院收藏的夹缬鹿草屏风（图1-6）、夹缬山水屏风、夹缬花树对鸟屏风、绀地花树双鸟纹夹缬絁褥（图1-7）等，这些实物在多种历史文献和文物资料中使夹缬的唐代说起源更具说服力。[8]

图1-6　夹缬鹿草屏风（图片来源：东梨民艺博物馆藏）

图1-7　绀地花树双鸟纹夹缬纯褥（图片来源：日本正仓院藏）

四、灰缬

灰缬，是传统四缬中出现时间最晚，今称蓝印花布。关于蓝印花布的定义有广义和狭义之分，广义上的蓝印花布是指绞缬、蜡缬、夹缬以及灰缬得到的织物，因为传统的绞缬、蜡缬、夹缬、灰缬大多都是用蓝靛染色，得到的都是蓝、白相间的织物，所以统称为“蓝印花布”，而狭义上的蓝印花布特指以黄豆粉、石灰粉做防染浆，采用刮浆印染的方式染制的面料，其图案蓝地白花，或白底蓝花的面料，具有消炎、耐磨的功效和作用。图1–8是武汉黄陂蓝印花布，白色图案以一定比例的黄豆粉和石灰粉做防染得到的效果。蓝印花布流传至今以江南片区为代表，江苏南通蓝印花布以温文尔雅取胜，中部地区以湖北天门蓝印花布为代表，其强健大胆、沉着朴素、清新明快和抒情性的乡土魅力拨动人们的心弦。

学术界普遍认为最早的蓝印花布是宋代嘉定安亭镇的“药斑布”，根据《古今图书集成·职方典》记载：“药斑布出嘉定安亭镇。宋嘉定中有归姓者创为之。以布抹灰药而染色、

图1-8　蓝印花布（图片来源：武汉黄陂调研拍摄）

候干、去灰药，则青白相间。有人物、花鸟，做被面、帐帘之用。”[9]蓝印花布自产生开始，就广泛留传于民间。老百姓婚丧嫁娶都有蓝印花布的物品。因为就地取材方便，价格便宜，并且具备耐晒耐磨的功效，深受广大百姓喜爱并普及。

第二节　先秦时期染缬

一、原始社会

原始社会，也被称为“原始公社”或“原始共产主义社会”，是人类历史上第一个社会形态，持续了两三百万年，是人类历史上存在时间最长的一个社会发展阶段，当时生产力极其低下。

我国是世界上最早使用植物染料在织物上染色的国家。据考古发现，山顶洞人的墓葬中，人骨周围有红色铁矿石粉末及随葬品，这就证明，在当时我们的祖先就开始使用天然染料进行染色和装饰。在新石器时代，我们的祖先已经懂得如何应用赭黄、雄黄、黄丹、朱砂等矿物颜料在织物上染色，居住在青海柴达木盆地诺木洪地区的原始部落，能把毛线染成红、黄、褐、蓝等颜色，并织出带有色彩条纹的毛布。在轩辕黄帝时代，人们已经会用草木汁液染色制衣，将草木捣碎，取其汁液染在衣服上。

二、奴隶社会

据《大戴礼记·夏小正》（图1–9）记载，在夏代，先民们就掌握了蓝草的种植与染色。商周时期，精湛织造丝和麻的技艺已达到一定水平，采用植物染料在纺织品上染色，成了中国古代染色工艺的主流趋势。《尚书》中记载："以五采彰施于五色作服"，在这一时期，织物染缬发展出较为成熟的植物染整技术，不仅普遍使用于日常生活，还建立了相关的职官制度。

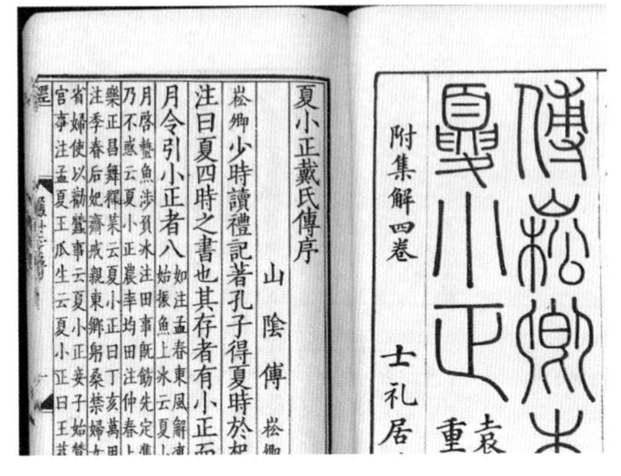
夏小正
附集解四卷
夏小正戴氏傳序　山陰　傅崧卿
崧卿少時讀禮記著孔子得夏時於杞
注曰夏四時之書也其存者有小正

图1–9 《大戴礼记·夏小正》

三、春秋战国

春秋战国时期，染色色谱更加丰富，染色工艺也趋于成熟。据文献资料记载，在春秋时期，人们已经改进了蓝色染料的配置方法，经过染匠们的摸索，发现将原来用新鲜的蓝草叶汁液直接浸染丝帛改进为将蓝草叶浸泡发酵后加石灰，通过石灰水的处理，可将沉淀了的蓝靛还原出来再染色。战国后期的大思想家荀子，目睹绿色"蓝草"的色素在染色中转化的过程：白布下缸染色取出氧化后，由黄变绿、由绿变蓝，经多次反复染色氧化再变青的变化过程，发出"青，取之于蓝，而青于蓝"的感叹，随后演变成为"青出于蓝"的佳句。《诗经·小雅·采绿》中记载："终朝采蓝，不盈一襜。"《说文解字》中记载："蓝，染青草也。"《忆江南》中有"春来江水绿如蓝"的描写。文学家赵岐路过陈留（今河南开封），看见山岗上到处种着马蓝，有感而发，写下一篇《蓝赋》（于东汉作），作序："余就医偃师，道经陈留，此境人以种蓝染绀为业。"这些古籍诗文中的"蓝"就是指的蓝草，"青"指的就是靛蓝，古代人称民间的"蓝色"为"青色"。春秋时期还设有专职管理丝帛染色的染人，根据《周礼·天官冢宰·典妇功》记载："染人掌染丝帛。凡染，春暴练，夏纁玄，秋染夏，冬献功。掌凡染事。"植物染整在古代工艺流程上已经发展十分完备，分工染色的生产模式和多次浸泡的染色工艺已经出现。《考工记》中写道："设色之工五：画、缋、鍾、筐、㡛""三入为纁，五入为緅，七入为缁"。完善的植物染整工艺和有组织的染缬职官制度，为后期秦汉时期染缬技术的发展提供了有力保障。

第三节 秦汉时期染缬

秦汉时期，织染业在先秦良好基础上得到了更进一步的发展，加之经济发展，与染织相关的工艺和制度都进一步完善。秦汉中央王朝对织物染缬亦极为重视，在先秦时期设有多种织染职官的基础上，设置了专门的染色职官“平准令”和负责官家织物染缬的机构“暴室”，并推动了织染器具的改进与发展。此时，染缸和染杯等染缬器具已经开始出现并使用。又出现了成套的染炉和染杯，这种器物可容纳少量丝帛，为民间进行家庭染缬提供了条件。

从秦兵马俑坑出土的陶俑原来都是彩色的，当被挖掘出来时，大部分已经脱落，陶俑身上仅存斑驳残迹，残存颜色较多的个别俑色泽如新。因此，对于研究秦汉时期服饰色彩，可以通过对陶俑身上色彩的分析，大体了解秦俑各种服装色彩的特点，为研究秦代的民间服色及军服装备情况提供了宝贵的实物例证。通过对已出土陶俑身上服饰彩绘颜色的初步统计和分析得知，秦俑的服色种类很多，且有独特之处。上衣的颜色有粉绿、朱红、枣红、粉红、粉紫、天蓝、白色、赭石色等，领、袖、襟边等处还镶着彩色边缘。通常，裤子的颜色一般为粉绿色，还有红色、天蓝、粉紫、白色等。在众多的颜色中，粉绿、朱红、粉紫、天蓝四种颜色出现频繁使用较多。因此推测这四种颜色应该是秦俑服饰的主要色彩。据有关化验表明，我们推测这些颜色均为天然矿物质颜料，红色由辰砂、铅丹、赭石制成，绿色为孔雀石，蓝色为蓝铜矿，紫色为铅丹与蓝铜矿合成，褐色为褐铁矿，白色为铅白和高岭土，黑色为无定形碳，这些矿物质都是中国传统绘画的主要颜料。早在新石器时代晚期，就有利用矿物颜料作画的记载，秦俑运用了如此丰富的矿物颜料，表明两千多年前中国劳动人民已能大量生产和广泛使用这些矿物染料染色。这不仅在彩绘艺术史上，而且在世界科技史上都有着重要意义。作者调研秦兵马俑，看到随着出土的氧化，原本漂亮的矿物颜色已经不复存在。（图1–10）

图1–10 兵马俑（图片来源：秦始皇兵马俑调研拍摄）

到了汉代，以家庭为中心进行丝织品生产的情况非常普遍，便捷染色装置的出现进一步私营丝织业更加发达。当时，丝织产品大多采用天然植物染料，人工染色。在考古发掘中，海昏侯西汉墓中便出土了成套的青铜染炉，推测当时是用来水煮染料植物，以获得汁液对织物进行染色。这一时期，染缬原料更加丰富，人们对染缬技术的掌握也更为熟练，染色工艺技术得到进一步发展。红色染料方面，利用朱砂的石染法发展到较高水平，涂料染色的胶漆应用变得更为普遍与多样。茜草（图1–11）的提炼工艺和染色技术也已经相当成熟，西汉时期张骞出使西域带回了重要染色植物——红花（图1–12），后在中原地区广泛种植并被用作染料。青色染料方面，即蓝色染料，以蓝草叶为主，一般指马蓝叶，也有将木蓝（图1–13）、蓼蓝（图1–14）作靛染色的用法。春秋战国时期，靛蓝染色发明的靛蓝制取技术在这一时期更加成熟，染蓝不再受季节限制，蓝色的染色方法可以由直接染色法发展为还原染色法。自秦统一六国后，靛蓝染色技术逐渐被推广到全国各地。染黑织物及染黑工艺也得到大力推动。先秦时期主要利用皂斗作为黑色染料，东汉末年，发明了用人造铁浆代替明矾作媒染剂，与橡实、五倍子、乌桕叶等含单宁酸的植物用于染黑的织染技术。

汉代时期，逐渐完善的浸染、套染、媒染等各种染色技术，这使得起源于春秋战国的凸版印花技术到西汉时得到了更深入的发展，并出现了用木板捺印和手绘结合的印绘方法。此时，中原地区的多种染缬技术、西南民族利用蜡防染技术染制蓝底白花或白底蓝花、印缋并用的敷彩印花和印染并用等染色技艺也都陆续出现。马王堆汉墓织物染色用矿物和植物染料，有涂染、浸染、套染和媒染等技术，色谱已鉴别出19种，皆由红、黄、蓝三原色配置

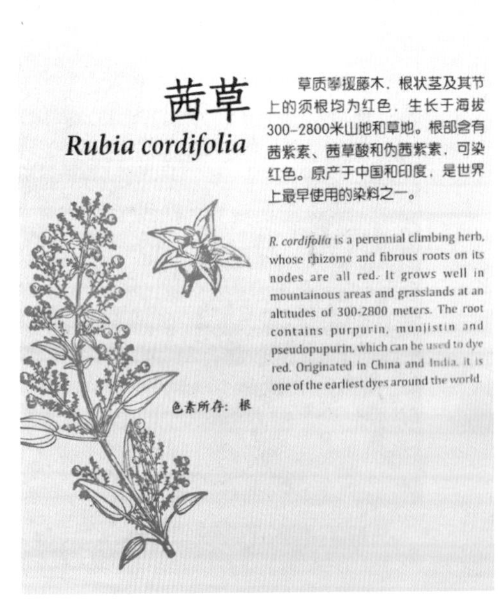

图1–11　茜草（图片来源：中国丝绸博物馆调研拍摄）

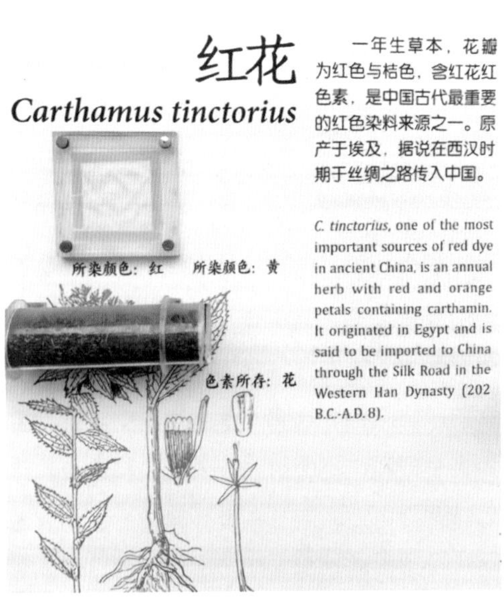

图1–12　红花（图片来源：中国丝绸博物馆调研拍摄）

而成。其中矿物颜料有朱砂、绢云母、硫化铅与硫化汞混合物，色谱有朱红色、粉白色、银灰色。植物颜料有茜草素、栀子素、靛蓝、炭黑（图1–15）。作者调研了湖南省博物馆中马王堆汉墓织物颜料，看到分为矿物颜料、植物颜料、印染织物及绣线色谱。有朱红、深红、黄红、深棕、金棕、浅棕、深黄、金黄、浅黄、银灰、棕灰、黑灰、天青、藏青、黑、紫绿、浅蓝、粉白。在一号汉墓中出土的丝织品中，有采用套印印花工序、使用矿物染料形成金银效果的“金银色印花纱”（图1–16、图1–17），还有通过印花和彩绘两种方法相结合、

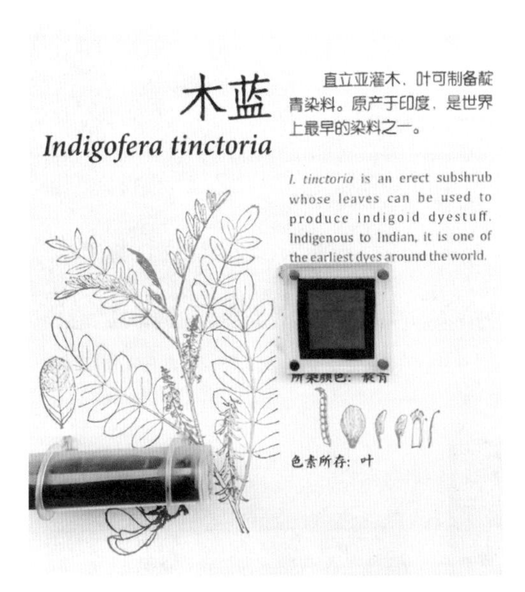

图1–13 木蓝（图片来源：中国丝绸博物馆调研拍摄）

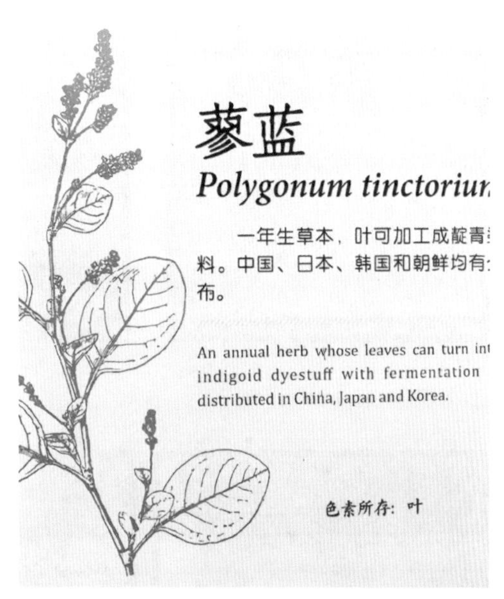

图1–14 蓼蓝（图片来源：中国丝绸博物馆调研拍摄）

马王堆汉墓织物颜料

MAIN PIGMENTS FOR FABRICS FROM MAWANGDUI HAN DYNASTY TOMBS

染色用矿物和植物染料，有涂染、浸染、套染和媒染等技术。色谱已鉴别出19种，皆由红、黄、蓝三原色配置而成。

矿物颜料		植物颜料	
名称	色谱	名称	色谱
朱砂	朱红色	茜草素	红色
绢云母	粉白色	栀子素	鲜黄色
硫化铅与硫化汞混合物	银灰色	靛蓝	蓝青色
		炭黑	黑色

马王堆汉墓印染织物及绣线色谱

朱红	深棕	深黄	银灰	天青	黑	紫绿	浅蓝	粉白
深红	金棕	金黄	棕灰	藏青	蓝黑			
黄红	浅棕	浅黄	黑灰					

图1–15 马王堆汉墓织物颜料（图片来源：湖南省博物馆调研拍摄）

植物颜料和矿物颜料并用而制成的“印花敷彩纱”（图1–18），不难看出汉代各种染缬技术的流行，反映出当时染缬的色彩更加趋于广泛。[10]

从敦煌石窟中发现的绞缬文物研究来看，在南北朝时期，染缬技艺就已被广泛用于制作服饰制品，其工艺精湛，做工精美，尤其是在女性服饰品中，梅花形和飞鸟形花样图案得到广泛应用。[11]据《二仪实录》和《搜神后记》记载，当时扎染技艺在民间广为流传，并深受当时人们的喜爱。图1–19所示，是南北朝时期的一件绞缬绢衣，呈褐色，整件服装运用绞缬工艺扎染出黄色的点状纹样，整齐划一、保存完整。

图1–16　金银色火焰纹印花纱纹样（图片来源：湖南省博物馆官网）

图1–17　金银色火焰纹印花纱（图片来源：湖南省博物馆官网）

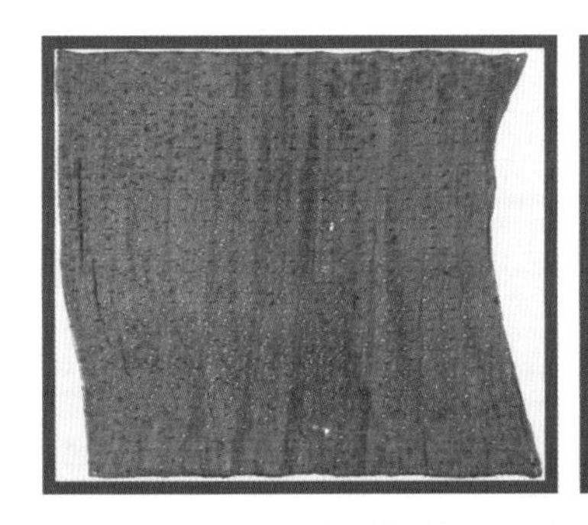

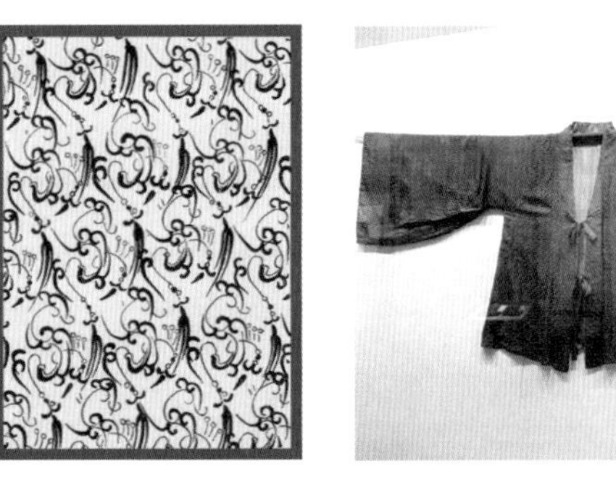

图1–18　印花敷彩纱及其纹样（图片来源：湖南省博物馆官网）

图1–19　南北朝时期绞缬绢衣（图片来源：中国丝绸博物馆调研拍摄）

第四节　唐宋时期染缬

一、唐代染缬

盛唐时期，我国的染缬艺术逐渐趋于成熟，并已经形成一个较为完整的染缬技术体系。

当时的染织工艺十分发达，用针和线来扎结，形成绞缬图案，成为一种流行趋势。使用扎染织品已经蔚然成风，妇女的衣裙、男子的袍服、家用的屏风、帐幔、门帘和床单等也都用扎染技艺制作。唐代中等以上家庭的女性穿用染缬品成为社会风尚。在唐代绘画中，人物服饰大多带有豪华的贵族气派，展现皇家风范图案较为饱满、端庄，呈现出染缬服饰特有的艺术表现形式。来自中产阶级之上的女性在穿着染缬制品服装与服饰成为潮流。例如，唐代周昉的《簪花仕女图》(图1–20)，画面中有几名着外衫和长裙的女性，长裙上花纹交错排列，大小不一，白色纹样防染处有晕染变化效果，应由染缬技法制成；唐代张萱的《捣练图》(图1–21)，画面中间有一位蹲着的煽火宫女，其裙身底色为墨绿色，裙上有多个大圆圈团花。每个大圆圈花纹外缘与墨绿底色交界处非常模糊，出现了颜色较淡的墨绿晕染，很明显是绞缬产生的效果。[12]可见，唐代染缬工艺在宫廷和百姓生活占据十分重要的位置，使用非常普遍。

《唐六典》记载："凡染大抵以草木而成，有以花叶、有以茎实、有以根皮。出有方土，采以时月。"这一句写明了唐代时期的草木染色的方法和技术，此时皇家以拓木染黄色，并在植物染丝绸工艺上的技术已达到炉火纯青的地步。如图1–22所示为唐代朵花纹蓝地蜡缬绢，蓝地上面分布着大小统一的黄色花朵纹样，质地精美，同时也能反映出唐代时期染缬技艺水平已经十分高超了。

图1–20 《簪花仕女图》(现藏于辽宁省博物馆)

图1–21 《捣练图》(现藏于美国波士顿博物馆)

图1-22　唐代朵花纹蓝地蜡缬绢（图片来源：中国丝绸博物馆调研拍摄）

二、宋代染缬

到了宋代时期，染缬工艺依然盛行。伴随着染缬技艺的进步与发展，大量的人力物力被投入到用于制作精致的染缬服饰和生活用品之中。当时的染色织物主要以蚕丝为原料，用天然染料染色而成的丝织品，色泽艳丽，富有弹性。北宋时期，政府为了抑制奢侈，倡导朴素，下令禁止染缬产品的生产和使用的命令。宋徽宗也于政和二年“禁止民间打造，令开封府严申其禁，客旅不许兴犯缬版。”《宋史·舆服志》记载：“在京士庶不得衣黑褐地白花衣服并蓝、黄、紫地撮晕花样。”诏令中禁止穿着的衣服都是指染缬。2003年，考古工作者在河南登封高村清理出一宋代壁画墓《烙饼图》（图1-23），图中所绘三位女子正在合作烙饼，其服饰与绞缬相关者有三，为中间女子的红地白花围裙、左侧女子的菱网纹围裙以及右侧女子的波浪纹裙子。《登封高村壁画墓清理简报》将三者分别描述为“红色碎花围裙”“菱纹围裙”和“叠胜纹裙子”。三者都用绞缬工艺制作而成。[13]可见，染缬制品在人们日常生活之中使用十分普遍。

图1-23　《烙饼图》（图片来源：重庆中国三峡博物馆公众号）

另外，从宋词中也可以感受到染缬，如秦观的《春日杂兴十首》中“采缬生风澜”，陆游的《大雪歌》中“乱点似欲妆帘缬”，还有何应龙的《帘》“缬花红映玉钩闲”……宋代染缬制品虽然有一定程度限制，但在宋词中依然可以领略染缬之美，宋代美学所谓的简约、柔美、高雅等元素对后期不同朝代的审美都有所影响。

第五节 元明清时期染缬

一、元代染缬

元代的织染工艺继宋、金之后进一步兴盛，主要体现在两个方面：第一，元政府令工匠的匠籍世袭，不得改业，并诏令江南百工改业学织，使江南丝织业发展迅速；第二，元代丝织作坊数量多，其中官府数量最多。[14]这些因素，也形成了元代染缬的鼎盛发展时期。

随着元代服装和服饰的花色品种增多，图案题材丰富，成为历代之最。花色图案的增多，与纺织和印染技术的发展息息相关，出现了植物纹，人物纹等装饰题材。元代在传统印染和刺绣技术的基础上，吸收了边疆民族和域外的工艺，增加了许多新的花色品种，尤其是一些名画家加入了服装图案的设计，带来了新的图案风格。[15]这也使得元代服饰在创新中有了自己的特色之处。

在元时期的通俗读物《碎金》一书中，罗列了元代的染缬技术名目就有檀缬、蜀缬、撮缬、锦缬、哲缬、茧儿缬、鹿胎缬、浆水缬、三套缬九种，由此可见，元代染缬之风依然盛行。[16]

但至今所留下元代绞缬实物很少见，多见于书籍记载、图画及壁画中。山西平定东回村元墓出土的《庖厨图》（图1-24）中有三位厨师，中间及右侧厨师均着圆领衣、花围裙，并用襻膊固定衣袖，其围裙图案推测应该为染缬制作，中间的厨师呈撮晕格子图案。而且，在元曲中仍可见“宫缬”“绞缬”等词汇，这说明元代的手工印染仍然十分流行。[13]

图1-24 《庖厨图》(图片来源：沈从文《中国古代服饰研究》)

二、明清时期染缬

明清时期，雕版印刷技术的提高推动了木版、纸版和绢网印染套色印花技术的快速发展。明清各类丝织品以色彩绚丽著称的在表现精湛的织绣工艺水平的同时，也体现了其精湛的彩色练染技艺，正如《天工开物》“虽曰人工之巧，亦缘水气之佳。”这一时期闻名遐迩的“凤冠霞帔”大多是手绘精制而成。清代丝织物技艺精湛，达到了前所未有的高度。丝绸手绘技艺历史

图1–25　四蓝制靛（图片来源：中国丝绸博物馆调研拍摄）

悠久，其之所以传承至今仍经久不衰，最大的原因在于它变化无穷的色彩。各类丝绸印花所染色谱多达88种色泽，同时每种色泽还细分为深浅不同的层次，色谱之全，色种之多，表明了这一时期我国传统丝绸手工印染在原料的掌握和染色技术的把握上达到了顶峰。清代时几乎所有的蓝色系色彩均为靛青染料染色。在中国，常见的含靛植物有四种，即马蓝、蓼蓝、木蓝和菘蓝。在明清时期，马蓝是应用最广泛的蓝草。制成靛青后所含有的色素主要为靛蓝和靛玉红（图1–25），作者调研中国丝绸博物馆拍摄的清代“四蓝制靛”图。

明清时期，染缬技术达到顶峰，但不同种类的发展却各有不同。夹缬、蜡缬日渐式微，绞缬的实物很是少见。染缬技术主要在民间流传，《紫隄村志》载：“家业靛坊（即染坊），兼耕种。”在西南地区的少数民族地区还有着“自耕自食，裁靛植棉，纺纱织布，浸染剪裁，蜡扎挑绣”的生活习俗。

明清时期，伴随着蓝印花布在民间逐渐兴盛。灰缬在这一时期又称为“浇花布”。在清末民初，随着油伞业的不断发展，人们开始采用桐油纸手工镂刻花版，这种方法不仅省工省时而且效果好，上油之后花版耐水、耐刮性强，使用寿命长，花纹的表现也更加丰富，工艺也更加成熟。由于所用传统的靛蓝染色，因此，民间逐渐称它为“蓝印花布”。蓝印花布是漏版刮浆的传统工艺。在图案方面则吸收剪纸、皮影、刺绣、木雕等不同手工技艺中的传统图案，极大丰富了蓝印花布图案题材，其淳朴、清新、明快的审美特点，受到了民间的喜爱。[17]

清代是传统染色工艺发展最为成熟的时期，也是纺织服饰颜色最为丰富的顶峰，尤其是宫廷丝织品更是绚丽多彩。其色彩可谓令人叹为观止。清代共四个皇家织造局，它们提供宫廷礼仪、生活赏赐和贸易用的纺织品。《钦定大清会典》记载：“凡上用缎匹，内织染局及江宁局织造；赏赐缎匹，苏杭织造。”从档案记载来看，江南三织造局做的缎匹都涉及上用缎、官用或内用缎和部派缎，礼、吉服基本都在江南织造局办。京内织染局只承办常服、行服、殿堂装饰、带子以及一些绣纰等。在当时的江南地区，染色一般“遇工雇募”，同一种颜色可能会有不同的染色方法，与技术的区域特征有关；京内织染局有完整系统的档案资料，包括蓝册底、织作、染作、络丝作、来文行文并呈进等类，内织染局织造事务相对稳定，染色也采用固定的方案。图1–26是作者在中国丝绸博物馆调研拍摄到的清代宫廷龙袍，蓝色在清代服饰以及搭配体系中有着重要地位。

图1-26　清代宫廷龙袍（图片来源：中国丝绸博物馆调研拍摄）

到了清代末期，机印花布也随着帝国主义的枪炮进入了中国的大门，并以绝对的优势迅速地占领了市场，染缬工艺除在部分偏远山寨尚存之外，大多都已逐渐消失。[18]

第六节　近现代时期染缬

民国时期，各种的染坊遍布全国各县、乡镇。随着染织工业化进程的发展，洋纱、洋布充斥着中国纺织品市场。[18]此时，个人染坊受到冲击，蓝印花布的市场遭受了破坏。但南通地区因地理环境的特殊性，自明清以来没有遭到兵乱的损失。古老的江南手工棉纺织业由南通土布薪火相传，体现了南通蓝印花布的强大生命力，对延续我国手工棉纺织和印染技术具有重要的历史意义。[19]图1-27是作者在武汉江汉关博物馆调研拍摄的晚清汉口善堂里弹棉花、织布的妇女，图1-28是19～20世纪德国德孚洋行大德颜料厂染料样卡。可以看出，这个时期西方的合成染料迅速占领了长江中部地区的市场。

20世纪40年代，机器织染厂在中国遍地开花。上海市机器染织业同业公会创办了《染织坊周刊》，会员单位最高峰时达到500多家，是20世纪三四十年代中国纺织界人士互相沟通、交流知识的重要纸媒平台之一。[20]

图1-27　晚清汉口善堂里弹棉花、织布的妇女（图片来源：武汉江汉关博物馆调研拍摄）

图1-28　19～20世纪德国德孚洋行大德颜料厂染料样卡（图片来源：武汉江汉关博物馆调研拍摄）

在20世纪五六十年代，三峡地区的梁平、城口一带仍有蓝印花布的生产和销售场所，《四川省群众文化志》记载：有“夹染（夹缬）俗称蓝印花布，在汉族中盛行，各地域镇都有染坊加工”的情况。这说明，在四川各地生产加工当时蓝印花布比较普遍。20世纪六七十年代，蓝印花布在民间还有承续，然而随着机器印花的日益普及，致使许多民间的染坊纷纷关闭，从而导致蓝印花布在市场上逐渐消失。

染缬工艺发展到今天，已经不是主流的印染方式，作为传统小众的手工艺技术被保护起来。形成纺织非遗的传统印染项目，夹缬在温州市苍南县的民间小作坊，至今仍承续着这种最古老的蓝染印花工艺；绞缬则主要集中在云南的周城和巍山白族、彝族地区，四川的自贡和江苏的南通等地区尚有发展；蜡缬主要集中在西南地区的贵州苗族、布依族；彩印花布主要集中在山东的嘉祥、博兴和临沂等地区。但现代的新印花技术，如滚筒印花、压花、烫花、转移印花等也都是在模版印花技术的原理和基础上发展起来的。

在传统染缬的创新设计中。2018年北京服装学院“姹寂之美”品牌植物染色产品发布会发布的系列服装设计作品，通过植物染色和传统手工扎染纹样来致敬传统与自然。（图1-29、图1-30）。2022年，中国纺织非遗推广大使、“生活在左”创始人林栖在国际时装周上进行了2023春夏系列《全家福》发布。此次新品发布会，林栖以家乡中国手工之乡——东阳为代表的手工村落，作为设计灵感的切入点，蓝印花布作为其中的非遗项目元素出现其中，向我们展示了蓝印花布的蓝白之美（图1-31）。

《楚蓝挑韵》非遗服饰系列作品是武汉纺织大学纺大染语团队荆楚蓝染传承与创新长期研究的成果之一（图1-32），设计灵感来源于千年的楚蓝文化“蓝尹工官”。目前已知中国最早的汉字“蓝”字就是在出土于1987年楚怀王墓中的竹简上被发现。种植蓼蓝、打靛染色成为楚国纺织品中重要的染色来源。团队在设计创作中常年深耕于楚蓝文化资料的挖掘与整理，并且与非遗项目“黄州蓝靛染色传统技艺”传承人陈小莲合作，成功复原了千年的

图1-29 “姹寂之美”植物染色服饰1（图片来源：2018年北京服装学院“姹寂之美”品牌植物染色产品发布会）

图1-30 “姹寂之美”植物染色服饰2（图片来源：2018年北京服装学院“姹寂之美”品牌植物染色产品发布会）

图1-31 “生活在左”蓝印花布服饰（图片来源：生活在左公众号）

图1-32 团队作品《楚蓝挑韵》[图片来源：第八届中国（深圳）国际时装节组委会]

“翁染”染色技艺，成立了“楚蓝染坊”，为研究荆楚蓝染提供了一定的参考依据。

《楚蓝挑韵》非遗服饰系列作品共4套，在楚蓝平染的基础上，运用了省级非遗项目“天门蓝印花布印染技艺”的“天门蓝印花布植物纹样复原”的图案设计表现方式，将研究中收集到的现存的天门蓝印花布残缺花版进行虚拟仿真复原工作，通过数字印染的方式还原之前完整的图案纹样，守正创新弥补了手工刻版的缺陷，设计成披肩、上衣和裙装。同时，服装的手工刺绣挑花的边饰，是与中国纺织非遗大使滕静蓉合作完成，恰到好处的二方连续边饰为服装勾勒出清晰的轮廓，充分诠释出千年蓝染技艺与现代时尚创新设计的完美结合。如图1–33所示为笔者设计的天门蓝印花布在服装上的创新应用。

图1–33　蓝印花布创新作品（设计者：王妮）

思考题

1. 中国四大名缬包含有哪些？

2. 分小组讨论中国不同朝代的印染工艺的特点。

第二章

中国传统染缬——绞缬（扎染）

第一节　绞缬的定义与起源

一、绞缬的定义

扎染，在中国古称“绞缬”（图2–1、图2–2）。《资治通鉴音注》中记载：“缬，撮彩以线结之，而后染色。既染则解其结，凡结处皆原色，余则入染也。其色斑斓谓之缬。”唐代《一切经音义》记载：“缬，谓以丝缚缯染之，解丝成文曰缬也”，解释了绞缬是一种用线捆绑织物再染色而获得特殊图案花纹的工艺。[21]

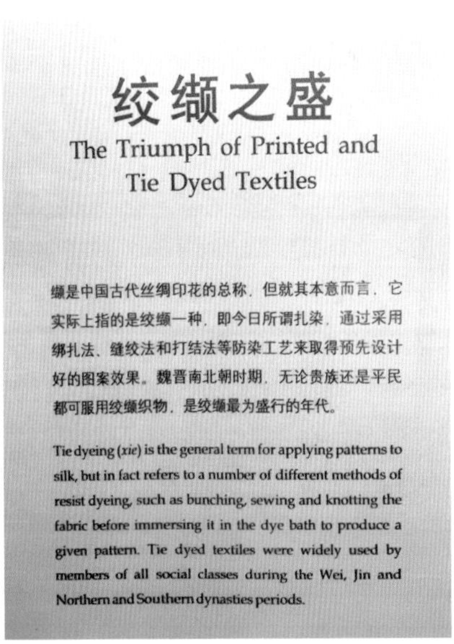

图2–1　绞缬之盛（图片来源：中国丝绸博物馆调研拍摄）

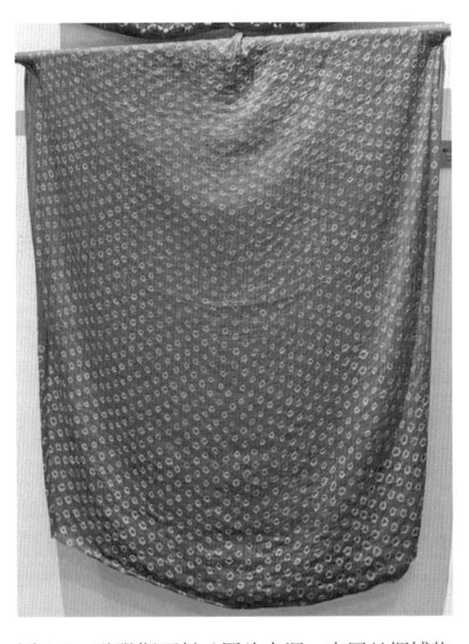

图2–2　醉眼缬面料（图片来源：中国丝绸博物馆调研拍摄）

二、绞缬的起源

据记载，在秦汉时期，绞缬就已经出现。据《二仪实录》记载：“秦汉间始有，不知何人造，陈梁间贵贱通服之。”东晋时期，就有了批量生产绞缬绸缎的能力。魏晋南北朝时期，绞缬多用于妇女的衣着，在《搜神后记》中有“紫缬襦”（即上衣）的记载。“紫缬襦”就是指有“鹿胎缬”花纹的上衣，另外常出现的图案还有鱼子形和梅花形等。在南北朝时，绞缬

产品被广泛用于汉族妇女的服饰。由于唐朝是文化经济发展鼎盛时期，因此，绞缬在这一时期也得到了空前的发展。唐代李贺的《蝴蝶飞》中有："杨花扑帐春云热，龟甲屏风醉眼缬。"诗里所指的醉眼缬与鹿胎缬相似，都是出土实物中最常见的小点状绞缬，边缘有色晕。[22]五代到宋朝初期，绞缬的图案更加精美、多样且复杂，这也必然使更多的劳动成本投入，与当时宋朝提倡的节俭政策相违背。于是在这一时期，引发了朝廷出面干涉绞缬发展的势态。明清时期，绞缬有了更多元化的发展，染料从单一的植物染料到引入西方的化学染料，这使得绞缬图案的颜色更加丰富多变。[23]图2-2所示为中国丝绸博物馆展示的醉眼缬丝巾，每个绞缬图案精致而小巧。

第二节　绞缬地域分布

我国扎染主要分布在云南地区，集中位于苍山、洱海之间的大理白族地区，这是我国目前扎染产量最大、在国内外最有影响的地区之一。除此之外，彝族扎染、瑶族扎染、宜良钩花扎染、湘西凤凰扎染、四川自贡扎染和南通扎染都各有特色。

一、大理白族扎染技艺

白族扎染技艺于2006年5月20日入选第一批国家级非物质文化遗产名录，国家级代表性传承人为段银开、张仕绅。

白族扎染，其核心技艺有扎花和浸染两个技艺。扎花犹如在面料上用针、线跳舞，是在选好的布料上按图案要求分别使用撮皱、折叠、翻卷、挤揪等方法，在布帛间勾勒线条、细针密线间，细腻入微，意境深远。使之成为一定形状，然后一针一针地缝合或缠扎，将其扎紧缝严，内容题材具有表现范围广泛、细腻的特点。而浸染，则是一场色彩与时间的浪漫邂逅。即将扎好的布料先用清水浸泡一下，再放入染缸里，或浸泡冷染，或加温煮热染，经一定时间后捞出晾干，然后再将布料放入染缸浸染，如此反复浸染，每浸一次颜色深一层，缝了线的部分，因染料浸染不到，自然与蓝色部分形成鲜明对比，因此便产生了好看的花纹图案。浸染环节采用手工反复浸染工艺，形成以花形为中心，变幻玄妙的多层次晕纹，凝重素雅，古朴雅致（图2-3）。蓝白交织间，幻化出万千姿态，晕纹层层叠叠，雅致里藏着匠心的温度。

白族扎染与大理扎染的区别在于：白族扎染颜色以蓝白两色为主色，白色象征吉祥，蓝

图2-3 白族扎染（图片来源：云南调研拍摄）

色象征希望、淳朴和真挚；大理扎染以白族扎染蓝白两色为主，在涵盖了这一特性的同时，还有彩染、贴花等，因而兼备色彩艳丽、形式纹样多种多样的特征。[24]白族扎染和大理扎染凸显了浓郁的民间艺术风格，成了千百年来历史文化的缩影，折射了民族风俗与审美情趣，构成了极具魅力的织染文化。

大理白族扎染是一种民间艺术，具有很强的地域特点，图案丰富且繁杂，以扎染图案的内容题材进行分类，大致可分为植物花草类、动物类、自然景观类、人物造型类、几何图形和字体诗赋类、体育类、宗教类。大理白族扎染图案数量众多（图2-4），体现出少数民族地区审美特色。

图2-4 大理白族扎染图案（图片来源：网络和《大理白族扎染图案研究》刘丽娟）

二、巍山彝族扎染技艺

2022年12月27日，巍山彝族扎染入选云南省第五批省级非物质文化遗产代表性项目名录，代表性传承人为熊文杰。

据调查得知，巍山县志相关史料曾记载，早在南诏时期，巍山当地居民就以手工的纺织土布来满足人们最基本的生存和生活需要。后来，为了满足人们审美的需求，勤劳智慧的先民们选择先使用细针与细线在土布上结扎花样，用板蓝根、麻栗壳、紫草、黄栗树皮等植物的茎叶做染料，染出深蓝色、浅蓝色或赭石色的土布，然后再拆开缝制的针脚，一块原本单调的纯色系土布，在解开的那一瞬间，由普普通通的一块手工土布变成了一幅质朴美丽的画卷：彩蝶纷飞，花鸟嬉戏，朴素典雅，散发着植物染料的清香也散发出自然孕育的芬芳。美丽的扎染布，成了当地人们日常生活的必需品。

巍山彝族，在唐朝时南诏与大理白族齐名，这也是扎染工艺独树一帜，深邃而雅致。彝族的扎染具有典雅、大方的特点，色调沉稳而不失华美。常以白布为底，蓝墨勾勒，宛如夜空中繁星点点。它们的色彩偏暗，图案形式大多为白底深蓝色，可能是民族服装色彩的原因，决定了这个民族的扎染特色作品具有鲜明的艺术欣赏价值和实用价值，表现出和谐美好的民族风格特点。这份独特的民族工艺之美，不仅蕴含着深厚的艺术价值，而且其实用之美和质朴之美在民族风格中展现得淋漓尽致。

巍山彝族扎染采用天然植物染料，利用传统民间扎花工艺特色，做工精致、纹样精美、图案新颖，颇具古朴自然、典雅大方的特点，在满足实用功能的同时，也具有很高的艺术欣赏价值。彝族扎染有蓝染、彩染、贴花等系列产品，应用于家居生活中别有一番天然质朴、经典雅致的风味。[24]

三、清远瑶族扎染技艺

2016年，瑶族扎染入选广东省第六批省级非物质文化遗产代表性项目名录。瑶族扎染是清远市连南瑶族传统的染整技艺，是瑶族人民世代相传于连南瑶族自治县八排瑶族居住的村寨，也是连南瑶族妇女服饰中不可或缺的重要组成部分。连南瑶族的扎染工艺用针绣、压挑、线扎的方式，不用画图打稿，自然扎出图案；其染色工艺采用煮染法，使用新鲜的大茶叶树、靛果树等天然染料染色，通过线扎图案方式让颜色深浅不一，染色后解开扎线，自然成形。瑶族扎染的成品一般为白花蓝黑底式样，多用于姑娘、妇女的头布、头套外饰和小孩的背带披风，有极高的历史研究价值。成品多以白花蓝黑为基调，成为瑶族女性服饰的点睛之笔，蕴含着深厚的文化底蕴与历史价值，是瑶族文化不可多得的活化石。

瑶族扎染技艺流传于连南瑶族自治县八排瑶族地区中的油岭、南岗、山溪、三排、牛头岭、连水、东芒等村寨。宋代周去非的《岭外代答》卷六《服用门》中记载："猺人以蓝染布为斑，其纹极细。其法以木板二片，镂成细花，用以夹布，而镕蜡于镂中，而后乃释板取布，投诸蓝中；布既受蓝，则煮布以去蜡，故能受成极细斑花，炳然可观。故夫染斑之法，莫猺人若也。"

瑶族扎染有以下步骤。首先是扎，扎的样式有很多，如："回"字形纹、鱼尾形纹，还有龙纹、十字纹等，方法多种多样，只需用针线扎出图案即可。其次是染，将用线扎好的布料放进煮好的染料桶里染色，通过线扎图案方式让颜色深浅不一，染色后解开扎线，自然成形。但是一般使用的是植物染料，如果要将白棉布染出理想的深蓝色，通常需要重复浸染十几遍，每一步都需要亲力亲为，非常花费精力。最后将布料晾干后，把线抽出，将布整理平整晾晒即成。如图2-5所示为瑶族扎染，其特色鲜明。扎结工艺精湛，作品美轮美奂。

图2-5　瑶族扎染（图片来源：瑶族网NEWS公众号）

四、宜良钩花扎染技艺

宜良钩花扎染于2017年入选第四批云南省级非物质文化遗产名录，代表性传承人为郭琼芬。

宜良钩花扎染是宜良阳晟工艺在继承传统工艺并与宜良当地的苗族刺绣和彝族扎染相结合发展而来的。宜良钩花扎染技艺主要分为扎、缝、钩、刺、绣、镂。宜良钩花扎染主要以宜良县阳晟工艺品厂为加工代表性基地，在宜良的全县区域都有制作者，特别在以县城为中心的周边农村，是广大农村妇女的一项重要手工技艺。该技艺突破了传统，将织物大面积用线捆扎后扎染成形的方式，钩花扎染采用钩针绕线对织物进行微小面积的点状扎结，可以细到扎出米粒状大小的图案，使扎染后的织物图案由极精细的点状图案组合成形，由点到面，使图案更加精细、精美。如图2-6所示为宜良钩花扎染，作品几乎涵盖了所有的扎染技法，勾点、双针、戴帽、单针、卷上、串梅、捏缝、四卷等都有所展示。[25]宜良钩花扎染技艺形成了一套独具特色的工艺流程。

五、凤凰扎染技艺

凤凰扎染技艺于2012年入选湖南省第三批省级非物质文化遗产代表性项目名录，代表性传承人为向云芳。

凤凰县地处湖南省西部边缘，湘西土家族苗族自治州的西南角，历史悠久。凤凰扎染技艺也大多数采取绞缬和针扎的方法，即正面插以麻线，然后从反面穿线扎起，麻线主要起防染作用。染色之后的花纹线条顺滑，犹如用笔勾画出的一样。与清丽、优美的四川扎染对比，湘西的扎染质朴、凝重，[26] 凤凰扎染质朴，图案饱满有分量感，视觉冲击力强，饱含湘西地方特色。

图2-6 宜良钩花扎染（图片来源：宜良之窗公众号）

凤凰扎染（图2-7）的纹样普遍选择散点式排列，以形式多样的花纹为主，包括蝴蝶花、太阳花、菊花等。大家熟悉的纹样是日常比较喜欢常用的，花纹的主题也常寓意祥瑞幸福，比如一对喜字、蝴蝶纹样、双鱼纹样、莲花纹样等。[26]

图2-7 凤凰扎染（图片来源：中国纺织非遗公众号）

六、自贡扎染技艺

自贡扎染技艺于2008年入选国家级非物质文化遗产名录，传承人张晓平，自贡为该技艺主要分布区域。

自贡扎染技艺（图2-8、图2-9）属于当地民间的一种扎染工艺，它吸收了传统的扎染技艺，多以丰富多彩、具体写实的扎染风格著称。自贡扎染也是传统扎染工艺的后起之秀，在历史上称之为“蜀缬”，主要分布在四川自贡。相对其他民族的扎染来谈“蜀缬”，便是工艺写实的动物、人物，常用鲜艳的暖色系进行染制，搭配深色的背景色，给人一种三维立体的感觉，动态效果十足，视觉感受强烈。[27]

四川地区的自贡扎染在当地民间称之为“捏蛾蛾花”，又叫“扎花”。自贡扎染用线表现事物居多，并适当运用块面。自贡扎染特色主要是以针代笔，运用绞、缝、扎、捆、撮、叠、缚、夹等十多种扎缬手法，将各种图案（如几何图案、写意图案，包括人物图案、动物图案、花卉图案、花鸟图案、书法图案等）进行扎缬染色后，将其出神入化地表现出来，各

图2-8　张晓平《连中三元》扎染（图片来源：百家文艺网公众号）

图2-9　张晓平《榴开百子》扎染（图片来源：百家文艺网公众号）

种图案朦胧可见，呼之欲出，极具地方特色。[24]

自贡扎染在工具和工艺流程方面与其他地区的扎染差别不大，但其历史传承和其中所包含的风俗习惯却有自己的特点，使得其构图、用色及使用方面有所不同。值得一提的是，自贡扎染的绘画性和叙事性较强，构图纹饰更加自由，且倾向于从历史绘画中寻找图案设计的来源，并不像大理扎染那样讲究装饰的程式化布置。[28]

七、南通扎染技艺

南通扎染，于2011年入选江苏省级非物质文化遗产名录，传承人为焦宝林。南通扎染技艺是南通市第二批市级非物质文化遗产代表性项目名录传统技艺类项目。

南通自古有“崇川福地”的美誉，吴越文化、荆楚文化和齐鲁文化在这里碰撞融合，形成了独特的地域文化风情，其特产之一——南通扎染，由此也具有了独特的艺术文化内涵。

南通扎染不但具有技法多样、丰富多彩的色晕效果，绚烂多彩的肌理美，以及高自由度的技术和艺术表现性。这些都是扎染的普遍艺术特征，在纹样上还具有不同于其他地区的特点，形成了自成一体的艺术风格。

南通蓝印花布博物馆收藏了很多以吉祥纹样为主题的扎染作品，如“龙凤呈祥被面”“长命百岁肚兜”“福禄长寿肚兜”等，表达了人们对美好生活的向往与憧憬，也迎合了人们返璞归真、寻求自然健康生活的需求。[29]

近年来，有着40余年历史的华艺集团深知非遗传承既要在保护技艺方面狠下苦功，还

要在融入当代生活的创新方面力求突破。华艺集团在发掘南通扎染技艺的同时融入扎染创新与时尚应用，为本土原创品牌注入了优秀传统文化元素。

南通扎染技艺操作程序精细至极，耗工耗时甚多，加上用于染缬的丝绸底价较高，整体价格昂贵。旧时，产品多为宫内嫔妃、皇亲国戚及官宦富户仕女穿戴服饰之用料。南通扎染大师创造性地运用了扎染工艺由点及线、由线及面和点、线、面结合编组的技艺，使结扎方法松紧有致，以其“松”，给予染料以渗透的余地，而产生“水墨”效果；以其“紧”，防其渗透而保证图案的清晰度。再配合以夹板配置和层染、泼染、点染、浇染等协调相间，创作了扎染壁挂、画屏等多件获奖作品（图2-10、图2-11）。

图2-10 南通扎染1（图片来源：拍摄于2017年长江非遗大展）

图2-11 南通扎染2（图片来源：拍摄于2017年长江非遗大展）

第三节　绞缬艺术特色

中国绞缬（扎染）艺术的创造源泉大多是从人们自身对于审美的主观认识出发的，是用心灵感受的艺术形式。由此，中国扎染艺术就创造出自己完整的艺术表现形式，形成了一种观念表现艺术，具有独特的主观意象造型、色彩和多点透视的艺术特色。[24]艺术特色的形成植根于中华民族五千多年的历史文化根脉，以及当下传统手工技艺的传承与创新。

一、晕染之美

扎染朴素而典雅的艺术气质来自于染料与布料发生的晕染肌理感，在扎染作品创作的过程中，由于线扎的松紧不一、运用的手法不同、使用的面料不同，都会对作品最终呈现的效果产生影响（图2-12）。

当捆扎的图松散时，染料易于渗透，面料与染料之间接触面积大，利于吸收上色，色调柔和，层次变化呈多样化；在捆扎图案紧密有力的情况下，“花”与“底”之间轮廓清晰，并且颜色之间过渡利落，整体图案的组织富有张力。染料在图案的边缘部分发生渗透，并带来了光晕效应。扎染作品的晕染效果通常具有朦胧之美的质感，仿佛中国传统的水墨画一般。[30]

图2-12　扎染的晕染效果（图片来源：兰染工坊）

二、层次之美

扎染的立体效果是随着对图案的用力捆扎而产生的（图2-13）。完整的扎染流程包括设计图案、扎花、染色、拆线、后整理等，但是只对面料进行设计图案、扎花，并不进行拆线以及后整理等操作处理时，完成的作

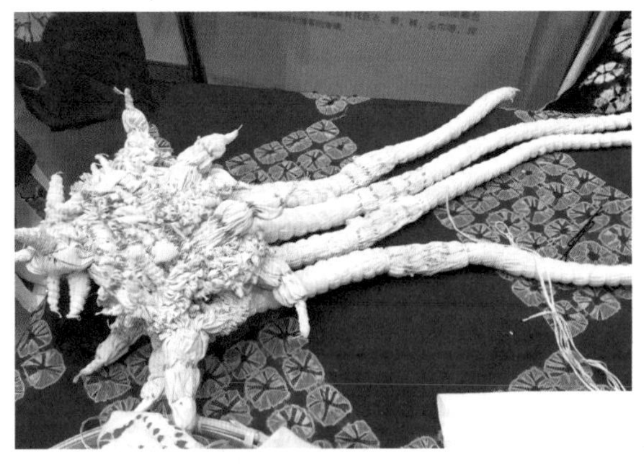

图2-13　扎染赋予面料的立体效果（拍摄于2017年长江非遗大展）

品便是立体的，带来不一样的视觉感受，极具装饰与艺术效果。除此之外，扎染的立体效果还和被扎染的材料有关，不同的布料进行扎染会产生不一样的效果。如图2-14所示为张剑锋老师的作品，从中可以看到扎染赋予面料的立体美。

图2-14　未拆解的扎染制品（作者：张剑锋）

三、特色之美

扎染作品具有很强的随机性与不可复制性。就像世界上没有相同的两片树叶一样，没有一模一样的扎染作品，即使是同一个创作者运用相同的制作方法、制作工具，在不同时间创作的作品也不会一模一样。这样差异性的艺术图案，恰恰表现出独特的自然美感。扎染完成前，无法对作品效果进行预知最终效果，这正是自然所赐予的独有魅力。扎染作品不可复制，晕染肌理不可预知，带来了梦幻的视觉感受。[30]因此，扎染是很多独立设计师在创新作品时，经常会选用的方式之一（图2-15）。

图2-15　扎染赋予面料的随机性

第四节　绞缬图案分类

纹样是一个民族情感的反映，也是民族品格的象征。两千多年来，浩如烟海的扎染纹样记录了中华民族伟大的创造力，给世界艺术宝库留下了珍贵的非物质文化遗产。庐山瀑布、苏堤春晓、明月彩云、白鹭青天等都体现了古代人们拥抱自然、敬畏自然的感情。在扎染的纹样上还有一些文字和图形，例如长命百岁、花开富贵以及龙凤呈祥等，体现出了对美好生活向往的传统思想。

一、植物花草纹样

植物花草类扎染图案数量占比较大，包含自然植物、瓜果蔬菜共百余种。其中自然植物多为自然地域作物。其中花卉有：菊花、牵牛花、葵花、牡丹花、莲花、荷花、山茶花、兰花、水仙花、迎春花、太阳花、茴香花、藏菜花、桃花、樱花、仙人掌等，另外还有通过变形组合而成的叶子花，不仅是叶子形状的变化还有花瓣数量不同的组合形成圆形、桃形、五边形、多边形的花型，五瓣花、六瓣花、八瓣花、枫叶形等。树木类有传统文化丰富寓意的"岁寒三友"：松、竹、梅等，树木类图案常与其他图案组合构成，如松树与鹤、梅与喜鹊、竹与石等。蔬菜题材有：白菜、南瓜、黄瓜、茄子、萝卜、辣椒、西红柿、大蒜、豆角、蘑菇、藕、葫芦等，水果题材图案有：石榴、葡萄、桃子、苹果、香蕉、佛手、菠萝、西瓜、柿子、草莓等。[30]

（一）莲花纹样

莲花纹（图2-16）也称荷花纹，是常见的花卉图案之一。莲花纹的应用早在先民的炊器、农器、建筑中就有所呈现，特别是汉代的宫殿、墓室顶盖的中心位置，这是由于早期人类以莲花花瓣作为方位使用，蕴含了原始哲学、时空方位观、宇宙观等。[31]

（二）牡丹纹样

牡丹花有富贵的寓意，与其他图案组合在一起时图案寓意更丰富。牡丹花纹样有具象和抽象两种表现方式，具象表现手法在描绘牡丹花花瓣和叶子时会有凹凸化，尽可能模仿现实生活中的牡丹花瓣和叶子。[31]如图2-17所示，张晓平的扎染作品《国色天香》便呈现的是牡丹纹样。

图2-16 莲花纹样

图2-17 《国色天香》扎染（图片来源：百家文艺网公众号，张晓平）

另外，关于植物花草纹样，作者在云南扎染调研时拍摄到关于扎染花样的图片，有太阳云彩花、朵心梅花角形花、凸角米字花等，与其他花草图案搭配在一起，并错落有致地布局在方形扎染布上，非常美丽，如图2-18所示。

（a）太阳云彩花

（b）朵心梅花角形花

（c）凸角米字花

（d）四方点绕花

（e）吉祥满圆花

（f）菱知朵条花

图2-18

（g）点朵对角盛叶花

（h）摆角射叶花

（i）云缚缩角花

图2-18　云南扎染植物花草纹样（图片来源：云南调研拍摄）

二、水果纹样

水果作为生活中的常见物品，人们常以其为寓意表达的载体，通过水果的名字和形态表达人们对美好生活的向往。

比如表现长寿的水果有佛手和寿桃，取佛手的生长形态与“佛”相联系，它的名字便是最直接的寓意，“手”谐音“寿”，组合在一起为长寿的寓意。另外，表现对生殖繁衍向往的水果更为多见，祈求多子的水果图案主要有石榴、葡萄、荔枝等。人们通过观察自然界“一株多子”“一果多籽”的形态，与生命的繁衍进行嫁接，多籽是生命力的象征同时也是人们精神追求的体现，因而石榴纹、葡萄纹、荔枝纹传递着对生命崇拜的图像信息和情感表达。[31]

三、动物纹样

常被用在扎染中的动物纹样主要有蝴蝶、蝙蝠、鱼、龙凤、仙鹤、孔雀、熊猫等。动物纹样在民间的染品使用中十分常见，在重要场合的使用频率比较多。

（一）蝴蝶纹样

蝴蝶图案是白族扎染图案中出现频率最高的图案元素。白族人对蝴蝶图案可谓是钟爱有加，在他们的观念中，蝴蝶有着吉祥寓意和对美好爱情的向往与追求。蝴蝶图案在白族人民的审美意识中成为美好、爱情、生命的象征，由此人们进行蝴蝶图案的多种创意和变化，在几代人的传承和创新后，蝴蝶图案更加丰富多彩（图2-19）。[31]

图2-19 蝴蝶纹样（图片来源：云南调研拍摄）

（二）蝙蝠纹样

因“蝠”谐音为“福”，在我国传统的装饰艺术中，蝙蝠的形象被当作幸福的象征，因此也常被用在扎染图案中，表达对幸福的祈求。

（三）鱼纹样

鱼作为水生生物，又是重要的食物来源之一，同样是人们创作扎染图案的灵感来源。鱼腹多子，在战争年代，人口数量是种族兴旺的代表，因此繁殖能力强的鱼在人们心中是生命力的象征，用扎染艺术表现鱼纹样，表达了人们对多子的祈求和对生命力的崇拜。如图2-20所示，张晓平的《金玉满堂》便呈现了金鱼和莲花组合纹样。如图2-21所示为作者调研白族扎染的四鱼纹样桌布。

图2-20 《金玉满堂》扎染（图片来源：百家文艺网公众号，作者：张晓平）

图2-21 白族扎染里的“鱼纹样”

（四）龙凤纹样

龙凤图案自古以来便是中国传统吉祥纹样的代表，历史上关于龙凤的故事不胜枚举，在大禹治水的寓言故事中就有治水英雄与龙的故事。龙既是权力的象征，也是万福的象征。由此，历代皇帝常以龙为身份代表，凤凰是吉祥的代表。在大理白族扎染图案中，凤与龙配合云纹图案、花纹图案形成一幅具有吉祥寓意的作品（图2-22）。后来人们将“龙凤呈祥”引入男女的婚姻文化，代表吉祥如意，百年好合。[31]

图2-22　龙凤纹样

（五）鹤纹样

人类对于美好生活的追求是始终存在的。长期以来，人们通过丰富的想象和物象的表现创作出很多吉祥图案，如麒麟、大象、金鱼、龙凤、仙鹤、鱼等。早期社会中，人类无法抗拒自然灾害和身体的疾病，对长寿生命的愿望强烈。鹤图案的发展和传承是百姓追求幸福美满的美好象征。人们对长生不老的愿望会表现在日常生活中，因此，鹤图案在彩陶、青铜器、瓷器、乐器、服装、绘画、舞蹈中都有体现。鹤纹样（图2-23）作为一种装饰，纹样具有一些引申的象征意义，同时也是人们追求长寿、得道成仙等吉祥心理的表达。鹤纹样在扎染织物中常与云纹、鱼纹同时出现，构图布局比较对称，鹤曲颈，鹤翅满张，双腿并伸，表现灵动的动态之美，并透出神秘吉祥之气氛。[31]

图2-23　鹤纹样（图片来源：云南调研拍摄）

（六）熊猫纹样

熊猫作为我国的国家级保护动物，四川是它们的故乡。因此，在自贡扎染的题材中，熊猫也是较为常见的一种纹样。如图2-24所示，自贡扎染熊猫图案不以白、青、蓝色为主，用绿色、黑色和白色，刻画出的熊猫生动活泼，竹叶和熊猫的轮廓均清晰整齐，明暗对比协调，色彩均匀，充分体现了自贡扎染的色彩魅力和精致技艺，给人以清风徐来的感觉。[32]

图2-24 《家在四川》扎染（图片来源：百家文艺网公众号，作者：张晓平）

四、自然景观类

自然景观图案主要是指各地以自然景色为主题的扎染内容。

（一）苍山洱海图

苍山洱海图是大理白族扎染图案中运用最广泛的一种图案，主要由大理的地理位置原因所致。在现代，大量的大理白族扎染产品皆以苍山为主要图案进行制作，通过色彩明度的变化表现苍山的层峦叠嶂。另外与苍山常作为一幅画面的创作元素便是洱海。在大理白族扎染图案中，通过波纹抽象化表现展示洱海波光粼粼的氛围，与苍山的配合形成和谐统一、画面完整的创作效果。过去传统的表现手法主要利用缝扎的手法进行展现，现在是以自然晕染来表现。[31]

（二）农田图

在物资匮乏的年代，人人希望土地丰收，可以过上吃饱穿暖的生活，因而，在长期的耕作中逐渐产生对土地崇拜的思想观念，于是将土地抽象化概括，使用扎染的手法进行表现，简单的线条交错代表土地，通过横线在图案中的穿插分割，代表远处的土地和近处的土地，形成视觉空间感，使用简单的椭圆形，较粗的线条代表树干，把白族人民的田园生活进行灵活的表现。[31]农田图表现出一种世外桃源的感觉。

五、几何图形类

几何扎染图案主要分为规则图案和不规则图案。

（一）回纹图案

回纹（图2-25）是中国古老的图案之一，源自“雷”的造型，也有研究认为回纹造型源于对水流动纹路的认知。由于其纹样的简洁清晰，能够一线到底，具有绵延不断的寓意，成为百姓容易绘画和被推崇的纹样，尤其在建筑、家具、木雕、服装装饰中都运用较多。在纺织品中，回纹用在边缘装饰或底边，均匀整齐地排列，富有形式美感，达到视觉美感和深层含义的表达。在扎染图案中，回纹搭配横线直线或曲线共同组成画面，几何图案感强，画面的均衡和丰富深得人们喜爱。[31]

图2-25 回纹

（二）梅窗图案

梅窗图案在大理白族扎染图案中运用广泛。初期梅窗花是由四角花发展而来，村民创作四角花时将它们整齐排列，图形的正负形组合成现在的梅窗图案。梅窗并非指代某一类窗扇，而是将建筑形制与扎染工艺合二为一的一种名称。梅窗图案以二方连续、四方连续的方式排列在画面中，均匀平衡，也会与直线圆点图案组合出现，平铺画面具有稳定感，画面由于图案韵律感较强深得人们喜爱。另外，梅窗花中间组合方框图案形似铜钱，被人们赋予金钱和财富的寓意。[31]梅窗图案作为白族特有的构图形式，体现出当地的扎染图案特色。

（三）四角砖图案

四角砖图案是白族民族建筑中出现频率较高的图形，在窗户、墙砖中都有所应用，主要应用在门口檐下两侧的墙面上。在当地居民话语中又称之为“四角花”“铜钱”“四角砖”“绣球”等。观看其形态却有相似之处，要区分开则取决于图形的观察角度，将四片叶子按照上下左右排列的方式，搭配中间的圆形或方形即为“铜钱花”，将四片叶子的角汇集一点，便称之为“四角砖”。四角砖与梅窗花较大的不同之处在于中间的装饰，四角砖中间常以花为中心，梅窗花中心以圆形和方形为主，画面构成前者较为丰富，后者较为简约。[31]

第五节　绞缬制作工具

一、扎染工艺的工具

传统扎染工具主要包括绘稿工具、扎结工具、染色工具。

（一）绘稿工具

绘稿工具一般有铅笔、绘图纸、直尺、圆规、橡皮、画粉等，如图2-26所示。

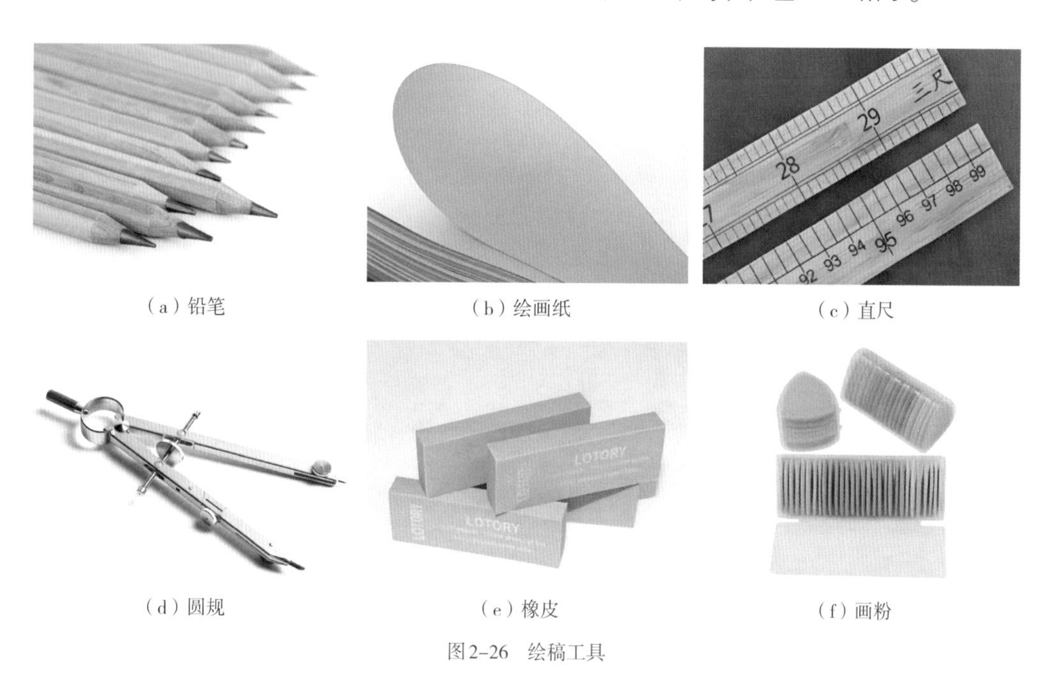

（a）铅笔　（b）绘画纸　（c）直尺

（d）圆规　（e）橡皮　（f）画粉

图2-26　绘稿工具

（二）扎结工具

扎结工具主要有竹板、木夹、金属夹、绷圈、大、中、小各种型号的缝衣针、数根20支纱的双股棉线、顶针等，如图2-27所示。

（a）竹板

（b）木夹

（c）金属夹

图2-27

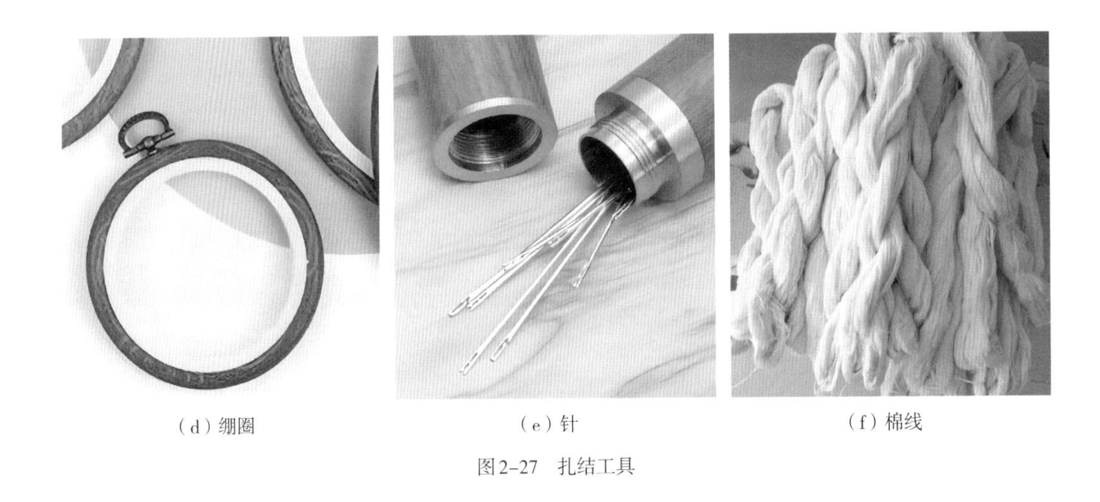

（d）绷圈　　（e）针　　（f）棉线

图2-27　扎结工具

（三）染色工具

染色工具主要有染缸、加热炉、搅拌棒等，其他还包括镊子、剪刀、温度计等，如图2-28所示。

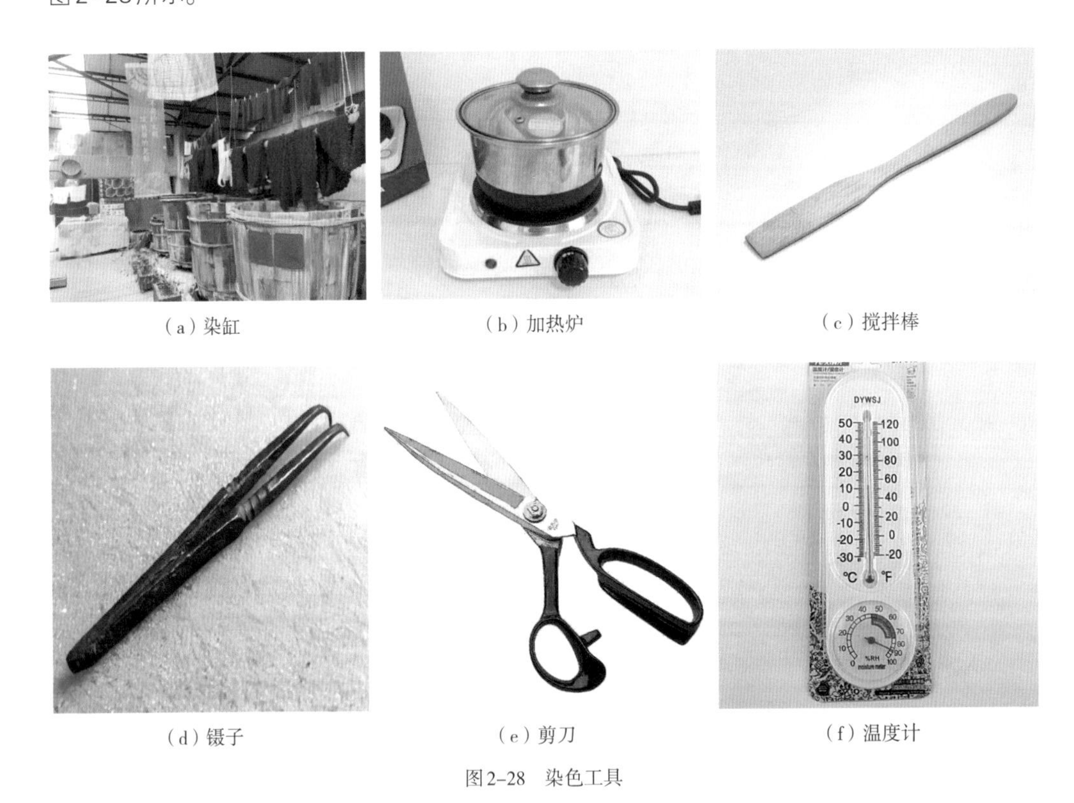

（a）染缸　　（b）加热炉　　（c）搅拌棒

（d）镊子　　（e）剪刀　　（f）温度计

图2-28　染色工具

二、扎染工艺流程与染前处理

（一）扎染工艺流程

扎染的大致工艺流程：设计构思→根据花形制版→面料或成衣印青花点→手工扎花→染色→氧化→冲洗→拆线→漂洗→晾干→后期处理→完成。

（二）染前处理

未处理的面料中常含有一定的胶质以及部分杂质，若不进行染前处理，染色时将会影响面料的上色效果。因此，为了达到理想的染色效果，需要对纺织品进行退浆处理。棉、麻类织物退浆，一般将水煮至75～85℃，加入适量的洗衣粉或纯碱，搅拌使之充分溶解，再将面料完全浸入其中并不断搅动面料，煮10～30分钟，将面料取出，并用清水冲洗、晾干、熨平即可。

第六节　绞缬制作技艺

传统扎染工艺是由“扎”和“染”两个工艺程序共同完成的，“扎”是传统防染的基本工艺手法，以手工的缝扎为主，也是扎染工艺中很重要的一个环节。“扎”这个工艺俗称“扎缬”，扎缬方法很多，不同的扎缬方法决定着染出来的图案不同。扎缬的方法，就中国来讲就有一千多种，每个国家、地区、民族，只要有扎染工艺，就会有自己独特的扎缬方法。

一、扎花方法

扎花是扎染中第一道工序，漏扎、错扎、多扎均会影响图案成形。因此，扎染的方法很多样，最常见的扎染工艺技法有如下几类。

（一）云染法

将处理过的面料用粗棉线按照织物面积、方位进行自由摄、挤、压、卷等方式捆扎起来（图2-29），浸入染缸的面料会浸入染液，因捆扎松紧程度不同，染色并无规范性，每个染完的成品也并不相同，蓝白交错如同蓝天白云般随意，故称之为“云染”（图2-30），除了靛蓝染料之外，彩色染料也可以云染出另一种不同的视觉之美（图2-31）。

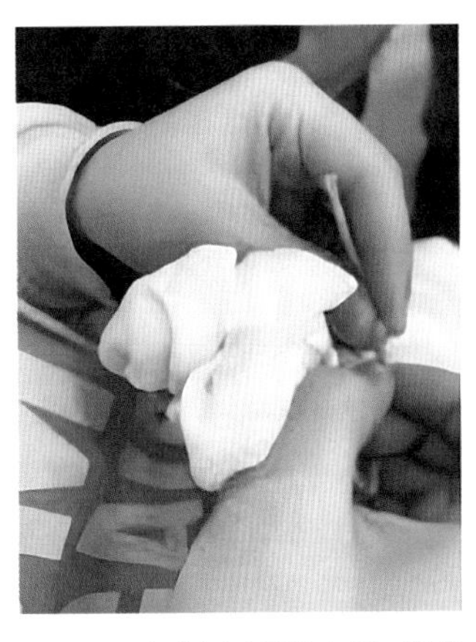

图2-29　捆扎图（图片来源：课堂实践）

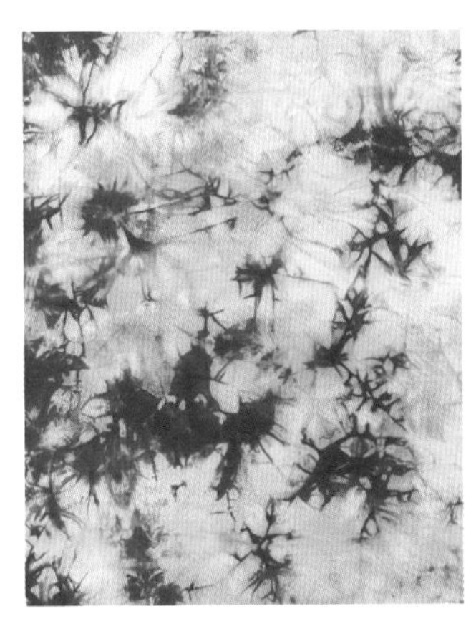

图2-30　靛蓝云染（图片来源：课堂实践）

图2-31　彩色云染（图片来源：课堂实践）

（二）捆扎法

捆扎法是指将面料按照预先的设想，或揪起一处用棉线进行缠绕，或将面料按照一定的规律进行折叠后用棉线缠绕然后对其染色，染完色后拆掉棉线，在棉线缠绕处因无法上色而形成防染，与染色位置形成对比从而产生花纹与肌理（图2-32）。

图2-32　捆扎法（图片来源：课堂实践）

（三）夹染法

夹染法是指用圆形、方形、三角形等或规则或不规则的木片夹在折叠好的织物上，然后用棉线或者绳进行捆扎将木片固定，最后放入染缸进行染色，拆开后的扎染图案有规则排列的艺术效果。还有一种操作方法是将待染面料做一定的折叠，然后用几个木夹将折叠好的面料夹住其中几个位置，染色时有夹子的位置自然难以上色，以此形成防染（图2-33）。

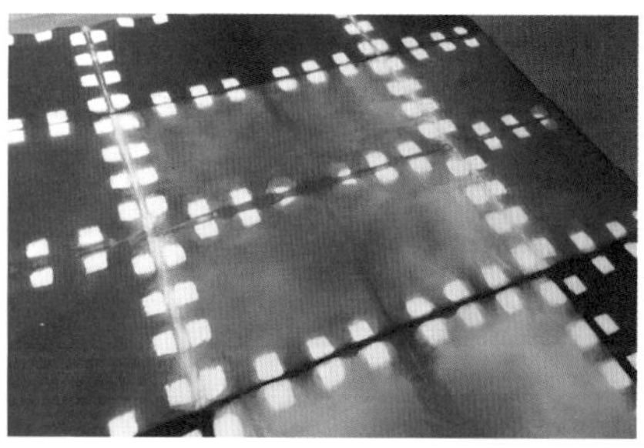

图2-33　夹染法（图片来源：课堂实践）

（四）三角形夹扎法

三角形夹扎法是指将织物面料折叠成三角形，然后用三角形的木片把面料夹住并用棉绳或棉线捆扎好，染出来的图案就是三角形的图案纹样（图2-34），并且根据折叠痕迹会形成组合后的新图案。

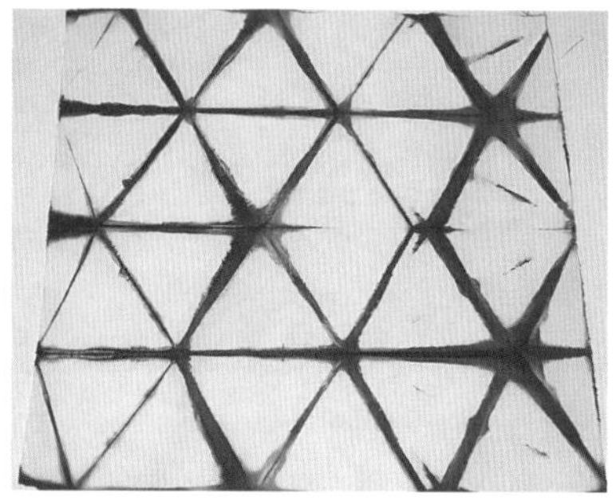

图2-34　三角形夹染法（图片来源：课堂实践）

（五）平针缝绞法

平针缝绞法（图2-35）是一种很实用方便的方法，可以充分展现设计者的创作意图，有单层缝绞法和双层缝绞法两种。单层缝绞就是将面料平铺，设计出图案纹样，然后将串好

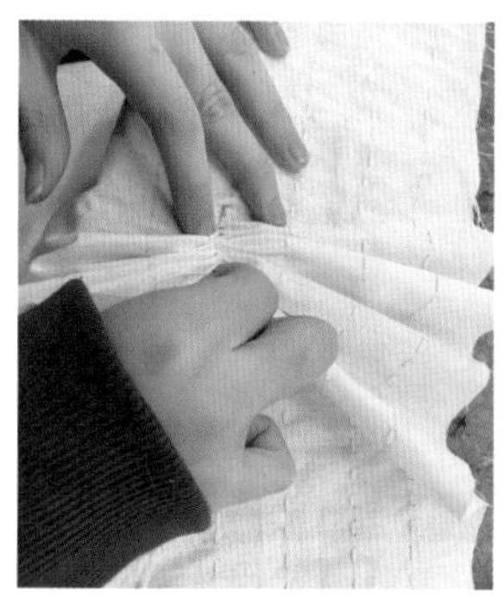
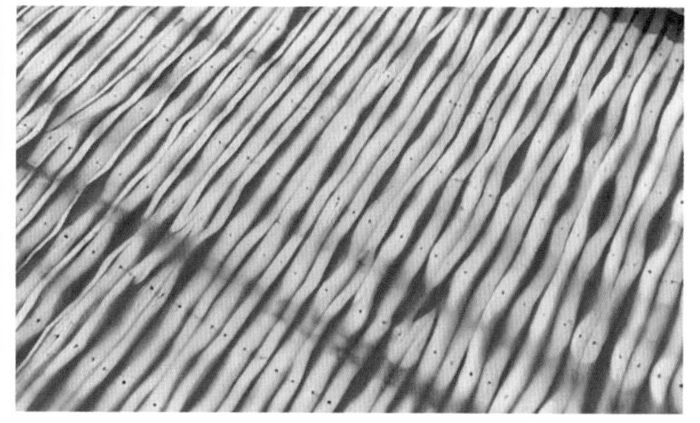

图2-35　平针绞缝法（图片来源：课堂实践）

线的针按图案均匀平缝后拉紧，再染色；双层缝绞是将面料先折叠成双层，之后在平缝时缝双层、拉紧，再染色。

（六）折叠缝绞法

折叠缝绞法是指用屏风折叠法折叠面料，宽窄程度按照设想的效果决定，然后按照不同的缝线轨迹缝绞，形成防染，染完色后展开便可得到不同的效果（图2–36）。

（七）具象缝扎法

具象缝扎法是指按照物体的具体形象进行缝扎的方法，这种方法比较写实。用针线沿着图案边缘进行缝线，将缝好的图案进行抽拉，最后用棉线进行捆扎。这种简单的具象图案缝绞操作一根针就可以完成，复杂的图案有时候需要同时用上几十根针来完成（图2–37）。

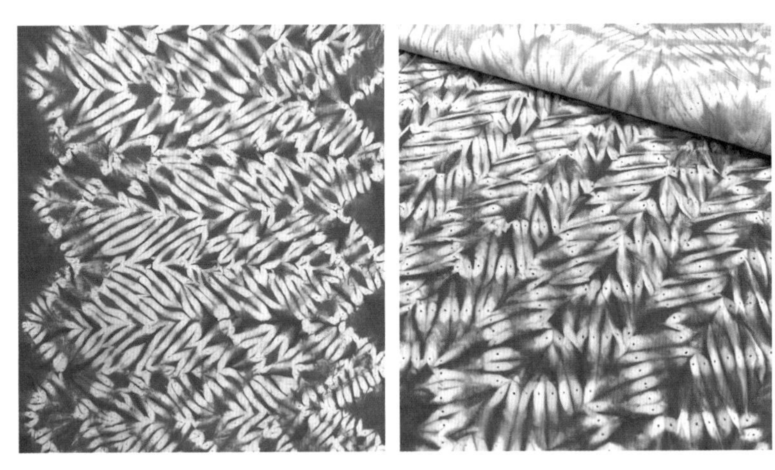

图2–36 折叠绞缝法（图片来源：课堂实践）

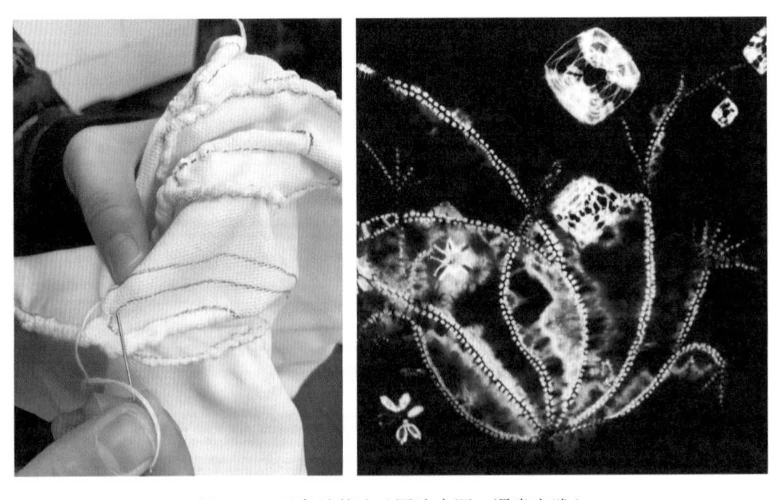

图2–37 具象缝扎法（图片来源：课堂实践）

（八）包物法

包物法由传统的包豆子花的技法演变而来。选取一些坚硬且不易被染色的物体包进织物里，比如玻璃球、石子、硬币等，然后将其进行捆扎并染色，扎染出来的图案效果就是包入物体的图案效果（图2–38）。

图2–38 包物法（图片来源：课堂实践）

（九）任意褶皱法

任意褶皱法这种扎结方式可以制作出大理石花纹的效果，与云染法相比更简单、好操作。该法需将织物随意搓皱然后随意捆扎，染色后会形成不规则的类似大理石纹样的图案效果（图2–39）。

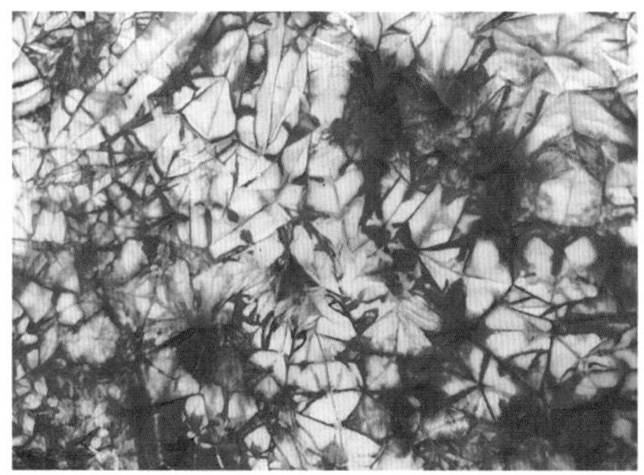

图2–39 任意褶皱法（图片来源：课堂实践）

（十）综合扎法

综合扎法是指按照图案的设计将缝绞、捆扎、夹扎等多种扎缬方式进行综合应用的方法。扎缬方式的综合应用可以创造出更多的图案纹样，增加了扎染的丰富多样性，使扎染的艺术感更加强烈（图2–40）。

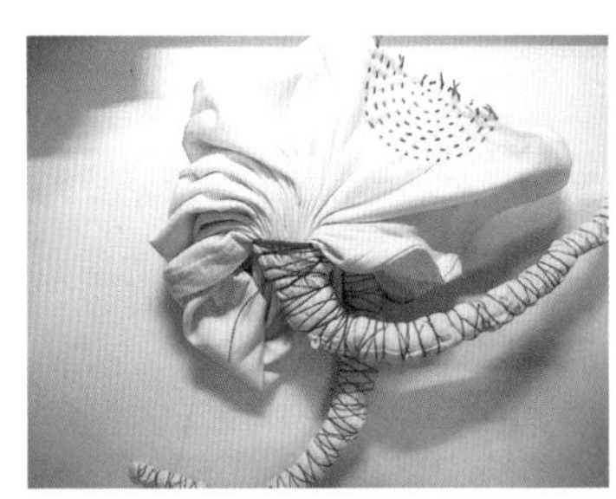

图2-40　综合扎法（图片来源：课堂实践）

二、染色方法

传统扎染工艺中的“染”，也是扎染中很重要的一个环节，毕竟“扎”和“染”都完成才是真正完整的扎染工艺，扎缬工艺的效果只有通过染色才能体现。扎染的染色工艺技法可分为单色扎染、多色扎染（套染）；形式可分为直接扎染、多次扎染、媒介扎染；根据染料的不同可分为植物染料和化学染料，以及矿物染料和动物染料。

（一）单色扎染

单色扎染又称“靛蓝法”，是古代传统的防染法，要经过脱浆—缝扎—捆扎—染色的一套工艺流程，一般是以蓝底白花的形式呈现（图2-41）。

（二）多色扎染

多色扎染是指在单色扎染的基础上套染至少一次以上的色彩，一般这种方式一次套染两种颜色就能产生不同颜色的变化。首先进行一次热染使颜色为浅色，浸泡清水中，甩干；然后按照图案进行扎结、捆扎，反复操作，就会出现织物上的不同套色（图2-42）。

图2-41　单色扎染（图片来源：课堂实践）

图2-42　多色扎染（图片来源：课堂实践）

（三）直接扎染

直接扎染是指把织物面料直接放入配制好的染料中，染料可以是植物染料，通过冷染或者热染的形式进行染色，比较多地使用植物的根、茎、叶等部位进行染色（图2-43）。

（四）媒染剂扎染

媒染剂是一种含有有机溶剂的化学药剂，是广泛用于染色和印花的化学制剂。媒染剂扎染是一种使染料不易褪色与媒染剂（媒介染料）之间产生固色效果的化学染料，将颜色固定在面料上。这种染色方式经过水洗不会脱色。媒染剂的混合应用可以丰富天然染料的色相，提高颜色的明度、彩度（图2-44）。

图2-43　直接扎染（图片来源：课堂实践）

图2-44　媒染剂扎染（图片来源：课堂实践）

第七节　绞缬面料与染料

一、面料

用于扎染的面料品种丰富，既可以是民间手工织造的棉、麻土布，也可以是现代大机器生产的各种机织布等。不同质感的面料所呈现出的图案纹理有所差异，需要不同性质的染料和染色工序与之配合，才能达到相应的效果。

纺织面料品种极其丰富，从纤维质地上看，一般分为天然纤维和化学纤维两大类（图2-45）。通常情况下，棉、麻、丝、毛等天然纤维面料是扎染工艺的主要载体，其中棉、麻属于植物纤维面料，丝、毛属于动物纤维面料。棉织物具有较好的吸湿性和透气性，面料的薄厚不同，所呈现的扎染效果也不同，或细腻柔美，或粗犷古朴。麻织物主要为苎麻和亚麻，其质感不及棉织物，但麻与棉混纺后能够提高其舒适性和透气性，扎染后的棉麻面料，视觉粗犷朴实，颇具自然风情。用于扎染的丝绸，具有高贵、飘逸、滑爽和悬垂性好的优点，所呈现的扎染效果丰富、细腻，是扎染工艺中比较理想的高档材料。毛织物的手感柔软、温暖，并具有良好的吸湿性和服用性，扎染后的羊毛织物呈现出渐变、丰富的色阶，柔和的图案轮廓以及羊毛材质的肌理美，深受市场欢迎（图2-46）。

此外，化学纤维中的氨纶与棉混纺织造的棉氨纶面料，弹性好、服用舒适，也常用于扎染工艺中；现代纺织技术开发的绿色生态类再生纤维素纤维，如天丝、莫代尔、竹纤维、大豆蛋白纤维等织造的面料，也是扎染工艺中比较理想的载体（图2-47）。

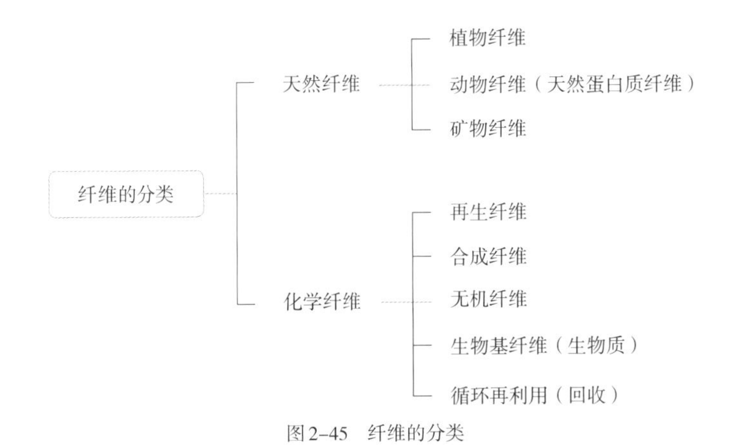

图2-45　纤维的分类

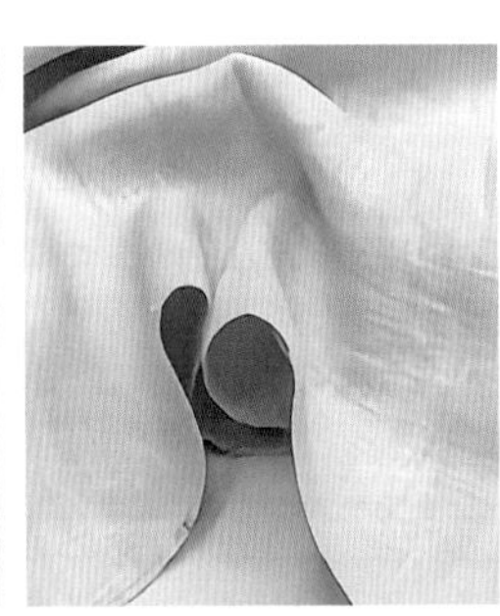
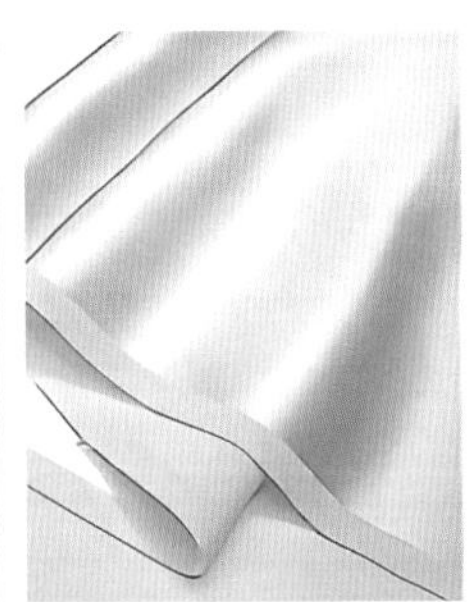
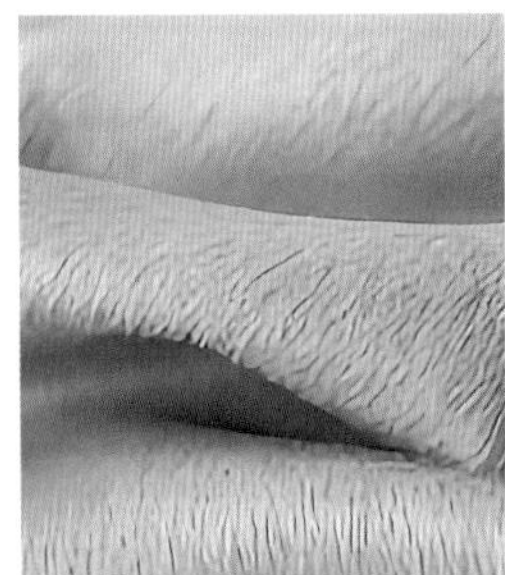

图2-46　天然纤维

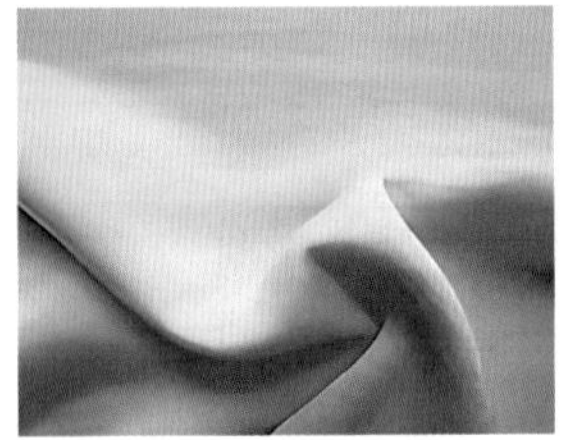

图2-47　化学纤维

二、染料

人类很早就知道如何从植物、动物、矿物中提炼染料。在我国商周时期的纺织品就已有多种色彩。例如，《诗经》中有“绿兮衣兮”“绿衣黄裳”的诗句。至战国时期，染色工艺技术已相当完善，多次套染和媒染工艺技术也已逐渐成熟，靛蓝染色，可以得到深浅不同的蓝色系列。从汉代至唐代时期，染料品种大增，色谱扩展迅速。到了明代，记载服用色彩已有57种。至清代，染色变化的色泽，多达745色。植物染料（图2-48）是扎染制作常用的天然染料，如染红用红花、茜草；染蓝用木蓝、蓼蓝，其中蓝染是最普遍、常见的。将收割的蓝草，沤入木桶并放入石灰，发酵、去渣、沉淀即成靛浆，用其制成染液，可染制各种蓝色。植物染料因其无毒、无害、无污染而备受推崇和关注，在广泛使用合成染料的今天，仍然具有很大的开发价值和使用前景。[33]

图2-48 染料植物（图片来源：中国丝绸博物馆调研拍摄）

第八节 国家级非物质文化遗产——白族扎染技艺

2006年，云南省大理市申报的白族扎染技艺入选第一批国家级非物质文化遗产名录，编号Ⅷ-26。

图2-49　云南白族扎染（图片来源：云南调研拍摄）

一、白族简介

白族是一个有着悠久历史的民族，中国少数民族之一。白族现在主要分布在我国的西南部，多集中在云南省大理白族自治州。大理的气候四季如春，常年无夏，而且日照时间长，降水量充沛，所以植物资源非常丰富，盛产花卉、茶叶、药材等，为植物染料的制作提供了优越的物质资源。白族人极其喜爱白色和蓝色。在服饰方面，虽然款式在各地略有不同，但都以白色衣服为尊贵。白族人对白色和蓝色的喜爱不仅体现在服饰方面，他们还将白与蓝融合到自己的生活当中，利用草木染色的工艺，以扎染的手法制作出许多蓝白花纹的桌布、门帘、被面、布包、围巾等物品（图2-49）。

二、白族扎染的发展概况

在白族地区，扎染制品很早的时候就已成为一种民间时尚，多用于女性的服装和其他生活用品。到了唐宋时期，白族扎染作为进献皇室的贡品，已经发展得很成熟了，几乎每户白族人都能够掌握娴熟的印染技术。我们可以从现存的书籍或绘画中看到扎染对大理地区居民生活的影响。例如，在大理国时期，由张胜温创作的作品《张胜温画卷》，从中看到当时白族服饰方面的“染采纹秀”（图2-50）。唐朝时，南诏国组织绘制《南诏图传》，也很好地反映了当时南诏国人穿着扎染图案衣物的

图2-50　《张胜温画卷》

情况（图2–51）。后来，大理白族扎染声名远播，渐渐传入到黄河流域，且在日后不断地演进发展，在产量日益提高的同时，质量也越来越高。白族扎染在明清时期已到达很高的水平，并按期向皇室进贡。白族的扎染技术一直处于相当领先的地位。至民国时期，居家扎染已十分普遍，以一家一户为主的扎染作坊密集著称的周城、喜洲等乡镇，已经成为名传四方的扎染中心。[34]

图2–51 《南诏图传》

三、白族扎染技艺传承人

（一）段银开

段银开，白族人，1976年生，国家级非物质文化遗产代表性项目白族扎染技艺国家级代表性传承人。

受爷爷奶奶和父母的影响，段银开从小就对扎染有着浓厚的兴趣，五六岁便学会了扎花技术，十几岁便掌握了扎染的基本流程。2008年，段银开夫妇注册“大理市璞真白族扎染有限公司”。2009年，段银开被大理州人民政府命名为扎染代表性传承人。开扎染厂、建立扎染博物馆、举办扎染培训班、走进艺术院校传授扎染技艺……多年来，在传承白族扎染技艺的道路上，段银开一直不遗余力。如图2–52所示为段树坤、段银开夫妇扎染作品《奔牛图》。

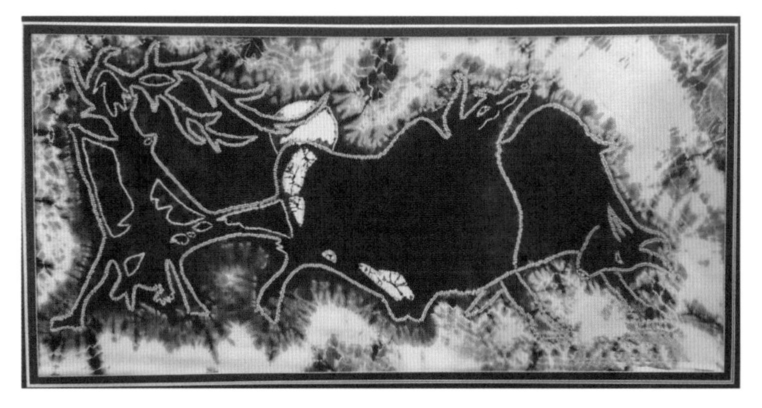

图2–52 段树坤、段银开夫妇扎染作品《奔牛图》（图片来源：璞真扎染公众号）

（二）张仕绅

张仕绅，白族人，1940年生，2016年去世，第一批国家级非物质文化遗产项目白族扎染技艺代表性传承人。张仕绅生于白族扎染世家，自幼喜爱白族民间艺术，1956年跟随母亲学习祖传扎染技艺，于1987年任轴承民族扎染厂厂长，正式从事和主管扎染加工生产。张仕绅依靠祖传的扎染制作工艺、扎染方式，不断摸索创新，结合现代染花技术，充分利用板蓝根等纯植物染料创作出千余种具有观赏、收藏、实用价值的优秀作品。

第九节　国家级非物质文化遗产——自贡扎染技艺

2008年，四川省自贡市申报的自贡扎染技艺入选第二批国家级非物质文化遗产名录，编号Ⅷ–26。

一、自贡简介

自贡，四川省辖地级市，位于四川盆地南部；东邻隆昌市、泸县，南界泸州市、宜宾市，西与犍为县、井研县毗邻，北靠仁寿县、威远县、内江市。自贡“因盐设市”，“自”“贡”两个字是由“自流井”和“贡井”两个盐井名字合称而来。

二、自贡扎染的发展概况

自贡扎染也称蜀缬，主要分布于四川自贡市，属于巴蜀扎染，是四川现存最完整也最具代表性的扎染（蜀缬），与苏州的刺绣等为大唐宫廷使用（图2–53）。唐代诗人薛涛《海棠缬》的“竟将红缬染轻纱”，白居易的“成都新交缬”和杜牧的“花坞团宫缬”等佳句的描述，均说明了蜀缬在唐朝是盛极一时。自贡扎染在中华人民共和国成立初期再次兴盛，至2008年入选国家级非物质文化遗产名录，与自贡当地的剪纸、龚扇合称“自贡小三绝”。目前自贡具有规模的扎染厂主要是自贡扎染工艺有限公司、自贡天宫艺术品有限公司、自贡古蜀扎染有限公司。[32]

图2-53 四川自贡扎染（图片来源：自贡天工扎染）

三、自贡扎染技艺传承人——张晓平

张晓平生于1948年，中级工艺美术师，四川省工艺美术大师，国家级非物质文化遗产——自贡扎染技艺项目省级传承人，已故扎染大师张宇仲之女。其自幼随父亲学习，受父亲影响，对民间染缬工艺情有独钟，在少年时期已掌握民间染缬的基本工艺，从事自贡三染（扎染、防染、拔染）的设计和制作工艺。

张晓平通过对中国古代民间扎染资料的收集和整理，在继承民间传统的基础上协同父亲完成了扎染技法和染色的创新，形成了一套独特的扎缬、染色方法及操作规程和质量标准（图2-54、图2-55）。两幅扎染作品构图巧妙、扎结技法娴熟，内容题材颇具地域特点，充分表现出蜀缬之美。

图2-54 张晓平《千年盐都自流井》扎染（图片来源：百家文艺网公众号）

图2-55　张晓平《汉砖——车骑出行图》扎染（图片来源：百家文艺网公众号）

思考题

1. 中国传统绞缬的艺术特征有哪些？

2. 谈一谈国家级非物质文化遗产项目白族扎染技艺的图案特色。

第三章

中国传统染缬——蜡缬（蜡染）

第一节　蜡缬的定义与起源

一、蜡缬的定义

蜡染，古称“蜡缬”，是传统民间印染工艺之一，时至今日仍在布依族、苗族、瑶族、仡佬族等民族流行至今。关于蜡染的定义多种多样，结合蜡染的工艺特点，以下两种说法最为贴切：一是在《贵州通志》中写道：“用蜡绘画于布而染之，既去蜡，则花纹如绘”，是指用蜡刀蘸蜡液，在白布上描绘几何图案或花、鸟、虫、鱼等纹样后，浸入靛缸，用水煮脱蜡即现花纹；二是贾京生教授在专著《中国现代民间手工蜡染工艺文化研究》中提到的“蜡染应该称为‘蜡防染’”，因为“蜡染”一词往往容易让人误解为用蜡作为染色材料在进行染布，而“蜡防染”在词义上就把蜡染的工艺描述得十分清楚。综合而言就是，用蜡作为防染材料在布上描绘，然后进行低温浸染，染后再进行高温去蜡便可得到预设图案。[35]

二、蜡缬的起源

目前大多学者认为，我国的蜡染工艺源于汉代。我国学者陈维稷在其著作《中国纺织科学技术史》中也认为蜡染的起源可追溯至秦汉之际，而且该工艺主要是由西南少数民族先民掌握，利用蜂蜡和白蜡作为防染材料，制作出白色图案的印花布。从蜡染的工艺属性看，真正意义上提及“防染”这一核心属性的，直到汉代的古籍才有记载。事实也证明，在汉代，中国西南地区确实掌握了蜡染技术。1980年，在川东峡江地区风箱峡崖葬现场发现有蜡缬细布衣服残片，经鉴定确认是战国至西汉时期的蜡染遗物，是迄今为止在西南少数民族地区发现的最早蜡染实物资料，这为西南地区在汉代就已掌握蜡染工艺提供了有力证据。到宋代，蜡染工艺开始兴盛，西南少数民族已经在民间大范围流传，出现对蜡染工艺进行详细描述的文献，内容也更为明确和详细。除了文献记载，还有部分流传至今的蜡染实物，如现藏于贵州省博物馆的宋代鹭鸟纹彩色蜡染褶裙（图3-1），从图案造型和服饰的样式看，与现代的苗族服饰相当接近，可见，贵州苗族地区在宋代的蜡染工艺水平就已与当今不相上下。[35]

图3-1 宋代鹭鸟纹彩色蜡染褶裙（图片来源：贵州省博物馆官网）

第二节 蜡缬地域分布

蜡染在中国很多地区都有，分布广泛，而且其中以贵州最为典型，包括绮丽工整的黄平蜡染，其图案精细优美，还有色彩丰满瑰丽的安顺蜡染和神秘刚健的榕江蜡染等。除了贵州以外其他地区也有分布，比如在四川苗族蜡染中独树一帜的珙县蜡染，位于湖南湘西的凤凰蜡染，还有2009年入选第三批海南省级非物质文化遗产名录的海南苗族传统刺绣蜡染技艺。这些不同地区分布的蜡染都各有自己的特色。

一、贵州蜡染技艺

蜡染在中国西南地区均有分布，如云南、贵州、四川、湖南等少数民族聚居地区中最为集中、最为典型。把贵州与周边省份相比较，可以说是一枝独秀，因此又被称为“蜡染之乡”。

贵州地区的蜡染因所处地理位置的不同以及支系信仰的差异而形成众多类型，大致上可分为丹寨型、榕江型、安顺型、重安江型、麻江型、织金型、六枝型、黄平型等。在贵州，随着每一个民族和地区的不同，每个地区少数民族的支系不同，因而蜡染的艺术风格、图案绘制、图案意义和对大自然的崇拜、信仰都是不同的。每个类型都具有蜡染单纯质朴的特征，但又有独特的风格，或稚拙烂漫，自由豪放，或绮丽工整，又或图案优美，色彩瑰丽，共同组成贵州蜡染的烂漫史诗。

（一）丹寨蜡染

丹寨蜡染主要是指丹寨、三都县一代的“白领苗”的民族蜡染工艺品。在丹寨，有不少关于蜡染的传说：相传有一个苗家姑娘，因为没有条件购买服饰参加社交，准备用自己勤劳能干的双手制作衣服参加活动，在制作布料的时候，房梁上的蜂蜡滴在白色的布面上，姑娘把织好的白布放在染缸里浸染，洗干净后发现滴有蜂蜡的地方出现好看的白色小花。机灵的姑娘马上得到启发，于是用这种方法染布制成衣物，姑娘穿上美丽的衣服在芦笙会上广受赞美。[36]

丹寨蜡染的发展历经千年有余，其丰富的纹样已俨然成为剖析苗族文化的图解式史书。丹寨苗族蜡染纹样从类型上可以分为：动物纹样、植物纹样以及几何纹样三类。“借物寄情”是丹寨苗族蜡染最典型的特征，很多纹样都隐含着一定的寓意，具有丰富的象征意义。[37]

丹寨所处的地域较为偏远，当地苗族人的生活相对城镇更为质朴、原生态，蜡染作为实用价值与审美价值并举的艺术，贯穿于丹寨人生活的方方面面，孩子出生、新人婚嫁、老人丧葬等都会用到蜡染的布艺。[36]

（二）黄平蜡染

黄平蜡染是指分布于黄平一带的蜡染，黄平主要居住着一个古老的民族——僅（gě）家人。僅家妇女织、绣、染等技艺样样精通，尤其擅长蜡染。黄平僅家蜡染生动简洁，图案工整，纹样高度程式化，构图方式采用对称型构图，图案描绘细致。蜡染题材丰富，多以太阳、蝴蝶、石榴、蝙蝠、鸟、蛙、铜鼓、花草、藤蔓等自然纹样和螺旋纹、三角纹、云纹、回字纹等几何纹样相互穿插套叠，图案由鸟纹、太阳纹、花草纹相互穿插构成，丰富有序。[38]

图3-2　僅家蜡画头帕（图片来源：贵州省博物馆官网）

僅家蜡染作品为对称型构图，从任何一个方位欣赏都呈现出对称形态，但观赏角度不同，呈现的画面也不尽相同：从左看像鱼，从右看像是虾，正着看却是蝴蝶，倒着看又仿佛是虫子。纹样中独特的双勾线使纹样既可单独存在又能组合成型，同时配有叉、旋、圆、点、线作为装饰，形成繁复华丽的纹样，多重的组合形式又产生了多层次的视觉节奏感，这些都是僅家蜡染成为蜡染作品中不可多得的精品的原因。[39]

如图3-2所示为僅家蜡画头帕，1958年征集

于黄平。图案纹饰以方形和条形为主，这些方形和条形图案将蜡画分割成几个不规则板块，每个板块分别填满了蕨菜纹和漩涡纹图案。这件蜡画头帕是几何纹和蕨菜纹有机结合的典范作品，画面整体细密、工整，图案对称、饱满，给人以满而不累、密而不板的美感，具有很高的艺术欣赏及研究价值。

（三）安顺蜡染

安顺蜡染主要是指一种在贵州省的安顺、普定及平坝等地附近的传统蜡染手工艺，被人们称为“坝苗”的苗族蜡染。该蜡染设计风格细腻，图案工艺成熟，尤其是在这一地区有极为罕见的彩色蜡染，其图形精美、颜色瑰丽，在染料上还将许多的植物染料和蓝靛进行相互有机结合，如红花、黄栀子等植物染料，在蓝和黑白中加红、黄等色彩，显得非常漂亮，整体颜色较为鲜艳、绚丽，有刺绣般的视觉效果。安顺蜡染纹样，一般分为天然纹样和几何纹样两大类。

1. 天然纹样

天然纹样源于自然界中的花、草木、飞鸟、虫、鱼等天然动植物以及龙、凤形态，有动植物纹样的相互组合，如蝴蝶与枫叶等；还有以图腾形式为重要表达元素，表达人们对图腾的崇高敬仰，这些都体现了安顺人民推崇的“天人合一”与自然界和谐共处的精神宗旨。[38]

2. 几何纹样

安顺苗族几何题材在苗族蜡染纹样中同样占有十分重要的地位，虽然几何纹样并非从生活中真实存在的事物中提取，但是也并不完全脱离现实生活的载体，一般而言，形式美与对称美等美学法则同样对几何题材有所限制。几何纹样的出现展现了人类思想上的进步，能用抽象的几何形态去表现具象的图案，如用三角形来表示山峰，用圆形来表示太阳或月亮，用数条波浪纹的组合来表示河流等都体现出安顺苗族蜡染的智慧。几何纹样中的方形、梯形、菱形、三角形等都来源于直线的线性对称，同样曲线就演变成了圆形、螺旋纹、波浪纹等。

如图3-3所示的苗族蜡染垫单于1958年从贵州安顺市征集而来，花纹图案变化多样，蜡画线条均匀。蜡染垫单是大型手工艺作品，较为少见。

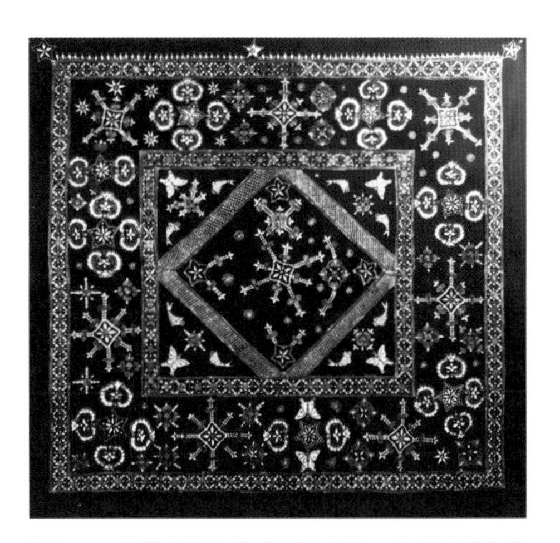

图3-3　苗族蜡染垫单（图片来源：贵州省博物馆官网）

（四）榕江蜡染

榕江市地处贵州省东南部，主要为苗族和

侗族的传统居住地，而榕江蜡染主要是指散布于榕江平永、兴华、都河一带的苗族蜡染。榕江蜡染的纹理比丹寨蜡染更加具象，块面较少，多是粗细一致的长线条，主体纹理图案多是鸟兽、龙、鱼、青蛙和铜鼓等，但偶尔也以古歌及传奇典故为题材创作。此类纹理艺术作品大多用在祭鼓长幡、胸兜、绑腿、头帕、背包等上面。最有特点的是兴华的“鼓藏”式长幡，纹样图案以蚕龙、蜈蚣等居多，画风粗犷豪迈，内容古老神奇；另一类的榕江蜡染以平永乡为典型代表，纹理简单生动，在花纹外围经常装饰一圈细短弧线，如百足、似长钉。[38]

图3–4是作者于2020年参观榕江县蓝染产业生产流程时拍摄到的榕江县蓝靛膏生产建设项目以及扶贫车间。

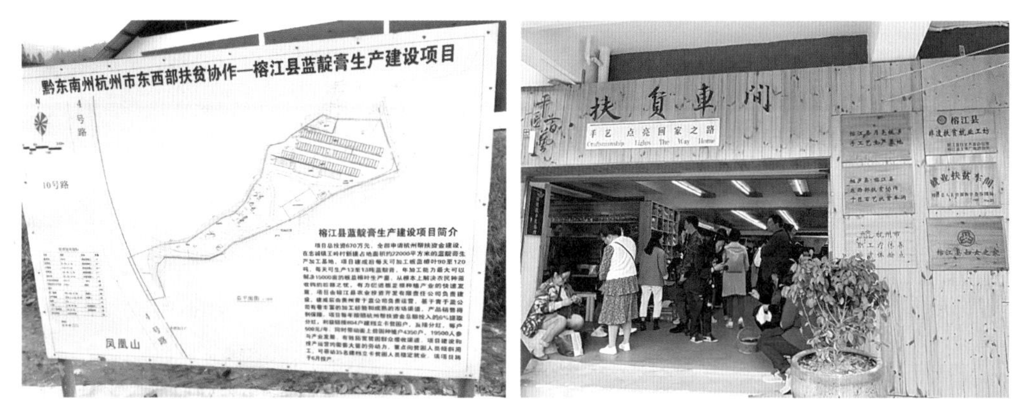

图3–4　榕江县蓝靛膏生产建设项目以及扶贫车间（图片来源：贵州榕江县调研拍摄）

榕江苗族蜡染主要染料来源为蓝草——马蓝。蓝染染色在我国历史悠久，人们最早于3600年前的夏代就已发现蓝靛染料，常见的蓝染植物品种主要有蓼蓝、木蓝、马蓝、菘蓝四种。每个地区都会根据当地不同的气候条件，土壤条件等种植不同品种的蓝草。贵州黔东南地区最为广泛的蓝草种植品种为马蓝，也称板蓝，叶子用来制作染料，根部有药用价值。李时珍在《本草纲目》中记载：染水可治病。由于同种材料取不同成分，因此当地板蓝根产业能够带动蜡染产业的发展就显而易见了。榕江地区的蜡染染料来源主要是马蓝，县内规模较大的种植基地为栽麻种植基地，能够为榕江苗族蜡染染料产业化提供很好的染料来源。作者在调研当地的种植情况时，也发现对于蓝靛膏的生产已有一定规模。蓝草在珠江流域一年两季，长江流域一年一季，一亩的产量在3千斤左右，珠江流域湿度较高，一亩产量可达到5千斤左右。贵州种植木蓝的地区主要是荔波一带的瑶族与雷山一带的苗族。蓼蓝在黔东南贵定县盘江一带。菘蓝主要在黔东南剑河温泉一带。

榕江苗族蜡染图案具有以下几种艺术特征。

1. 神秘莫测的图案风格

榕江蜡染风格神秘莫测，主要源于其当地历史文化背景及神话传说。其中复合纹样以及

宗教信仰类典型纹样可以体现出榕江蜡染图案神秘的风格特征，彰显出该民族独特的文化气质，体现着万物有灵文化观念。复合纹样即两种或三种以上动植物纹样的相互融合，这种自由的艺术表现手法，体现出了苗族人民丰富想象力且自由洒脱的性格特征。神秘莫测的复合图案风格使得榕江蜡染图案独具特色脱颖而出，成为榕江蜡染图案较为特殊的艺术特征之一。

2.灵活多变的线条应用

有部分研究学者把苗族蜡染图案分为粗线型、中线型以及细线型，以榕江苗族支系为例，如摆贝苗、塔石苗等图案是偏中线型，存在少部分细线形，大部分细线型的苗族蜡染图案主要分布在黔中织金县一带。榕江蜡染图案较丹寨、三都蜡染图案线条较为密集，丹寨与三都苗族蜡染图案整体比较松散，线条感主要表现在其中单个图案的外轮廓以及一些细小的花边纹样上。而榕江蜡染图案，如榕江塔石、摆贝、高排苗族蜡染头帕，线条优美，长且密集，极具装饰美感。

3.均衡对称的图案构图

榕江蜡染多采用均衡对称的构图形式，单个图案以及大型苗族蜡染图案构图上注重对称，主要分为轴对称与中心对称。苗族蜡染中心对称式构图形式大部分出现在家纺用品上。部分苗族蜡染例如榕江高排、摆贝苗族男子头帕，由一个大型的主图案为视觉中心，其他中小图案以单个或对称的形式将整幅画面填充，整体视觉基本没有较大的空隙。对称是榕江苗族蜡染图案常见的构图形式，图案除了“均衡”，还多了“阴阳”等哲学层面的文化内涵。

4.生生不息的图案寓意

生生不息的图案寓意贯穿榕江蜡染图案，常用代表纹样为“卍”字纹，其次是表示子孙延绵不断的鱼纹。图案构图形式表现为二方连续与四方连续。连绵不断、饱满紧密是榕江蜡染图案构图表现生生不息的明显特征。

二、珙县蜡染技艺

在四川，民间手工蜡染最出名的是珙县蜡染，于2011年5月23日被列入第三批国家级非遗名录，被誉为“刀尖上的美画”，代表性传承人有王力洪等。

珙县罗渡苗族乡是川南苗族的聚居地，被誉为“川南苗乡”。在1994年出版的《四川苗族蜡染》中，珙县罗渡苗乡的蜡染作品占比几乎一半，以精美闻名于世，但因存在的区域小而表现力有所局限。[40]

珙县苗族蜡染工艺主要有调蜡、碾布、绘图、渍染、去蜡等工序，制作工具比较简单，主要有蜡锅、蜡刀、熨石、案板、染缸、清水锅等。

图3-5　绘蜡技艺

珙县苗族蜡染的特点是图案精美，线条流畅，蜡绘时不打样，样稿蕴藏于心。图案有的重写实手法，有的重写意，表现点线相互结合，疏密相间排列，既夸张又富有人情味。色彩以蓝白色调为主，偶尔有红绿色调搭配。珙县地区苗族人民常将蜡染成品做成衣饰、百褶裙、围腰、卧单、枕巾等，显得朴实大方、清新悦目，极具民族特色，成为当地人民生活中不可缺少的民间手工艺（图3-5）。

三、凤凰蜡染技艺

2006年5月20日，凤凰蜡染技艺经国务院批准列入第一批国家级非物质文化遗产名录，代表性传承人物有王曜、熊承早。

湖南凤凰被称为“蜡染之乡”，有着悠久的历史文化背景，其工艺特征淳朴典雅。凤凰蜡染主要包括两种：一种土家族蜡染，另一种苗族蜡染。土家族蜡染工艺讲究颜色纯正，风格特异而纯美；而苗族蜡染则讲究染色真纯，不讲究华美雕饰，给人一种天然纯洁的艺术感觉。

凤凰土家族蜡染印花布的制成，是把镂雕成各种空白花孔图形的软木板或硬纸板模具铺放在白布上，把蜡汁溶液灌入花模空白处，待干后，采用当地自然生长的一种含染汁液较高的植物制成染液进行浸染，除去染蜡后，即可显现出蓝白相间的花纹图案。

蜡染花布可用来做壁挂、被面、桌罩、服装等。一幅完美的蜡染作品，从用蜡汁画图到反复染出不同的颜色再到最后晾干做成成品，工序复杂，花色独特，民族风格浓郁，深受当地人喜爱。蜡染的灵魂是“冰纹”，这是一种因蜡块折叠迸裂而导致染料不均匀渗透所造成的染纹艺术效果，是一种带有抽象色彩的图案纹理。凤凰蜡染有点蜡和画蜡两种技艺之分。蜡染的制作工具主要有铜刀蜡笔、瓷碗、水盆、大针、骨针、谷草、染缸等。制作时，需先用草木灰滤水浸泡土布，脱去纤维中的脂质，使之易于点蜡和上色；然后把适量的黄蜡放在小瓷碗里，将瓷碗置于热木灰上，黄蜡受热熔化成液体后，即可用蜡刀蘸蜡汁点画于布上。

如图3-6所示为凤凰蜡染技艺代表性传承人王曜的蜡染作品。

图3-6 凤凰蜡染作品（作者：王曜）（图片来源：湘西凤凰蜡染调研拍摄）

四、海南苗族传统刺绣蜡染技艺

海南苗族传统刺绣蜡染技艺于2009年入选第三批海南省级非物质文化遗产名录，代表性传承人有赵海金等。

据文字记载，海南地区的蜡染是明代嘉靖年间由广西调防戍边的苗族士兵带过来的，距今已有400多年的历史。通过黎族、苗族的区域流动，使得海南地区的生活习俗更加丰富多彩。其中手工蜡染融合了两个民族的艺术工艺，但造型和风格与云贵、广西地区的截然不同。海南地区苗族服饰无季节之分，图案主要采用折线的形式，呈现三角形状并在三角形的内部进行装饰，这种纹样在当地被称为“楼花”，是从古代传承下来的纹样，海南苗族蜡染也以线条细腻闻名。[40]

海南苗族蜡染的原料为棉布、蜂蜡、大叶青（苗语叫“甘卢”，一种含蓝靛的树叶）；制作工具主要有铜刀、小竹刀、点笔、划笔。海南苗族蜡染所使用的材料全是当地土产，制作时先将自织的白布用草灰漂白，再把魔芋煮熟搅成糨糊状抹在白布背面；晒干后，放在面板上用牛角或竹节磨成平滑的布壳，按照需要剪成大小不同的幅面，然后点蜡。点绘图案时，先用针画出纹样的轮廓，再用草秆量好彼此之间的距离，由简单到复杂，创作各种纹样图案。绘制完后，依次在缸中浸染，浸染次数多少以深浅来定。清洗后晒干，再投入沸水中煮去蜡液，这样原来的白布就形成蓝白相衬的各种花纹图案。[41]图3-7为海南苗族传统刺绣蜡染现场。

图3-7　海南苗族传统刺绣蜡染现场

第三节　蜡缬艺术特色

一、以蜡防染

蜡染，顾名思义是以蜡作画，用蜡防染。在蜡染这一染缬技艺中，最重要的原材料之一便是蜡，有植物蜡、动物蜡、矿物蜡等（图3-8）。制作蜡染的妇女们将蜡融化，用蜡刀代笔，在蜡布上绘制，然后放进染缸染色，绘有蜡的地方形成防染效果难以上色。以蜡防染就是蜡染成画最独特的地方所在（图3-9）。

图3-8　以蜡作画（图片来源：贵州蜡染调研拍摄）

图3-9 蜡染成画（图片来源：杨成舟画蜡）

二、独一无二的冰裂纹

在蜡染制作时，当面料上的蜡冷却之后，将其放入染缸中浸染着色。这时，由于面料表面的蜡冷却凝固使得整个布面变得硬挺，在翻动蜡布时，容易出现蜡线断裂的情况，从而使染料通过裂缝浸入织物，形成参差不齐的冰裂纹（图3-10）。因各部位蜡的断裂程度不同，冰裂纹的形态、深浅、粗细都会有所不同。偶然、无规律的冰裂效果是机器无法替代的美感，也是手工蜡染画的标志。冰裂纹增添了蜡画的画面感和层次感，为其质朴清新的风格增添了无穷魅力。[42]

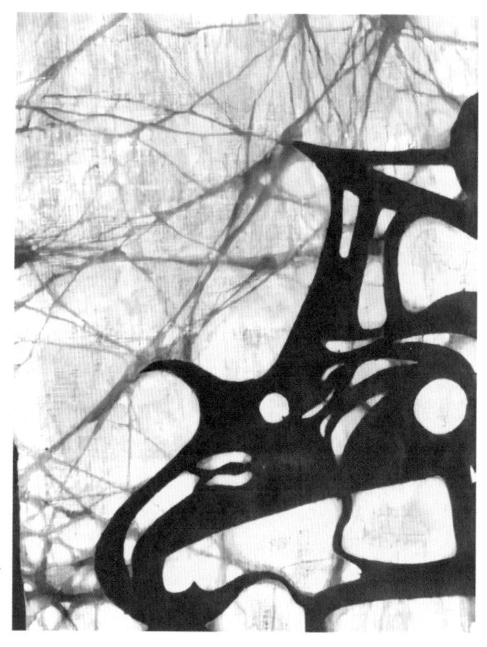

图3-10 冰裂纹（图片来源：贵州蜡染调研拍摄）

第四节　蜡缬图案分类

蜡染纹样的题材是用以构成艺术形象的方式、体现出主题思想的作品素材，是创作者所要表达的手工染色内容。题材可与蜡染纹样的种类紧密联系起来，也可以与各民族的神话传说、宗教信仰、图腾崇拜、历史、人文、地理等有着密切关系。

一、影响纹样风格异同的因素

我国蜡染多在西南少数民族地区传播，因不同地域、民族之间的宗教、习俗、文化相互影响，从而形成不同纹样风格的各民族传统蜡染。因此，可将影响蜡染纹样风格的因素分为地理环境和社会环境两大客观条件。贵州是多民族聚居地，故以贵州为例，探讨影响各民族蜡染纹样风格差异化的因素。

（一）地理环境

地理环境作为蜡染形成的必要前提和前期基础，是影响着蜡染纹样的风格主要因素。贵州地处我国云贵高原东部，山脉众多，境内多谷地，是典型的喀斯特地貌。其自然环境相对封闭，且内部地形有较大差异，复杂多样，各少数民族所处地域不同，在一定程度上阻碍了其民俗文化的交流，这也造就了各民族之间蜡染纹样风格的差异。生活在此地的苗族、瑶族人民的传统蜡染纹样多以自然纹样为主，如鱼纹、花纹、水纹、树纹等；而在山地高处的布依族，生活环境较为闭塞，其传统蜡染纹样多是与祖先、图腾崇拜有关的抽象化的几何纹样。

（二）社会环境

社会环境包含历史文化、信仰崇拜、风俗习惯在内的社会环境因素，对各民族蜡染纹样风格的形成起着核心决定作用。

1. 历史文化

历史文化记载着各民族不同的发展历程，蜡染纹样的图案符号可以和文字一样成为记载民族历史的载体。然而每个民族的历史是不同的，故其蜡染纹样风格各异，色彩与题材均有不同。

2. 信仰崇拜

信仰崇拜是各民族的宗教信仰与图腾崇拜，反映各民族的民族精神和心理，其在一定程度上影响着传统纹样的风格，涉及纹样题材、布局。

3. 风俗习惯

风俗习惯指的是一个民族的传统风尚、礼仪、节日习俗等，在少数民族地区有着“百里不同风，千里不同俗”的说法。在贵州，蜡染与各民族的日常生活密不可分，蜡染服装出现在出生婚丧、嫁娶、祭祀等各种风俗活动中，风俗习惯因地而异，使得少数民族蜡染传统纹样风格各具特色。[43]

二、图案纹样分类

蜡染图案主要来源于人们对自然景物的模仿和对民族文化的记录表达，既忠于叙述真实的生活，又在此基础上进行了大胆的夸张和变化，图案惟妙惟肖，具有非凡的艺术概括能力。[44]

蜡染纹样主要分为自然纹样与几何纹样，自然纹样又分为植物纹样、动物纹样。苗族没有文字，多以图案进行识别沟通。这些纹样作为苗族人交流的载体，是对历史的记录，对自然、世界的理解与表达，也是她们情感沟通的桥梁，具有深厚的历史底蕴与文化价值。

（一）植物纹样

1. 枫叶纹

枫叶纹是苗族蜡染中常见的植物形象，是苗族人最崇拜的植物图腾，纹路美丽素雅，一般以横截面并且是俯视的角度呈现，而且枫树的图腾一般连枝叶都描绘得很精致（图3–11）。[45]

2. 卷草纹

卷草纹是蜡染中较为简单的一种纹样，卷曲的形状似蛇、似蚕、似腹中胎儿，寄托着苗族人对孕育生命的向往（图3–12）。[46]

图3–11 当代榕江苗族织锦枫叶纹几何头巾

图3–12 苗族蜡染图案面料

3. 石榴纹

石榴外形独特，皮内百籽同房，籽粒晶莹，寓意多子多孙、家庭兴旺、繁荣和睦。石榴纹（图3–13）多以茁壮缠枝形的图案呈现，枝繁叶茂，构图硕大、饱满、对称，疏密大小安排适当，色彩丰富，细节精致，纹样简洁而生动。苗族对石榴纹的喜爱表明其追求多子多福的吉祥寓意。[47]

图3–13　石榴纹

4. 梨花纹

梨花纹也是苗族蜡染中的重要纹样。相传梨花纹给困难时的苗族祖先以信心和勇气，后代为了感谢梨花，遂将这种纹样绘制在衣服上。人们还相信小孩子穿印有梨花纹的蜡染衣服便可平安健康地长大。

（二）动物纹样

1. 蝴蝶纹

蝴蝶纹（图3–14）主要来源于苗族神话古歌中的《妹榜妹留》与《十二个蛋》的故事。在苗族神话传说里，蝴蝶妈妈是世界万物的始祖，包括神、鬼、人、动植物以及雷电，蝴蝶被认为是生殖和美的化身，备受尊崇，成为蜡染中重要的纹样。因为每个蜡染制作者对于世间万物的感受、理解、取舍不同，蜡染中的蝴蝶千姿百态，既有写实的形态也有写意的表达，既有抽象化的艺术形式，也有夸张、变形复合的艺术特色，因而，可以看到一系列姿态各异、千变万化的蝴蝶纹样。

2. 鱼纹

经过对自然的观察与生活经验的积累，苗族人发现鱼产仔多，腹内多子，于是将鱼纹（图3–15）搬到蜡染作品中，有的在鱼腹内直接绘出小鱼，有的则用密密麻麻的斑点代表鱼卵，以此表达对生殖能力的崇拜以及对多子多福的祈求。并且，苗族人认为鸟是男性，鱼是

图3-14 蝴蝶纹（图片来源：贵州蜡染调研拍摄）

图3-15 鱼纹

图3-16 鸟纹（图片来源：贵州蜡染调研拍摄）

图3-17 龙纹（图片来源：贵州蜡染调研拍摄）

女性，鱼鸟同图则象征夫妻恩爱、和睦，以此表达对新婚夫妻的祝福。

3.鸟纹

鸟纹（图3-16）深受苗族人民的喜爱，有的临摹得逼真生动，一眼就能确认出它们的名字，比如锦鸡、孔雀、麻雀、燕子等，但是有的只能大概看出鸟的形状，难以分辨其具体品种。苗族人笔下的鸟纹造型各异，栩栩如生，可爱且传神，很近似人们的日常生活描写。[47]

4.龙纹

龙纹（图3-17）是中华民族共同崇拜的图腾，是苗族人民祈求风调雨顺、五谷丰登的精神寄托。苗族先民根据各种动物的外表形体特征和生命机能，创作出了龙纹。蜡染中的龙纹通过抽象、夸张、变化，常与鸟纹、鱼纹、牛纹等动物图案结合，构成似龙非龙、简练秀丽、温驯动人、形态各异的龙形象。[47]如图3-18所示为著名蜡染设计师成昊设计的作品，服装后片拖地，似龙尾一般。

图3-18　蜡染设计师成昊作品（图片来源：成昊讲座拍摄）

5.蛙纹

蛙纹原型来源于青蛙，因为青蛙属水陆两栖动物，既能够对抗山洪灾难，又具有很强的生殖能力，所以一直被苗族人所崇尚。苗族人把蛙纹绘于服饰中以希望多子多孙，并祈祷平安。蛙纹形状复杂多变，有的呈菱形，有的呈蹬地形，有的呈起跳形，以突出蛙的姿态与形体。[47]

（三）几何纹样

苗族蜡染中的几何纹样十分古朴，是远古时代的人民创造出来的图案，在复杂的审美观出现之前，人们习惯以简单的元素抽象地表现身边的事物。几何纹样多以圆形、菱形和方形为图案骨架，圆形图案用弯曲线条以表现柔和，方形图案以棱角分明的直线构图以表现刚毅。[48]

1.螺旋纹

螺旋纹（图3-19）形成大约是由于原始社会先民出于对自然界水的敬畏与模仿，设计灵感来源于天然水纹。抽象而又规则的卷曲形态容易使人联想到原始人对水的依赖，因此很多专家都将这个螺旋纹饰称为“生命符号”，而这个纹样同时也反映了古老的苗族人民为了

繁衍生存的精神追求。[48]螺旋纹是当地最具代表性的几何纹样，当地苗族人称它为“哥涡”，因为这种图形固定出现于妇女盛装的臂背、领子、衣袖等处。

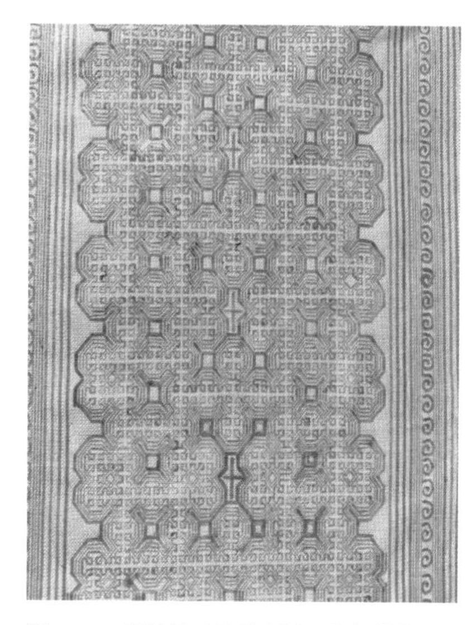

图3-19 螺旋纹（图片来源：贵州蜡染调研拍摄）

2. 铜鼓纹

铜鼓是苗族人崇拜的神器。古代苗族人民多用铜鼓完成祭天仪式，苗族蜡染最古老的纹样图案便是铜鼓纹（图3-20），渐渐发展形成了太阳图案。传说原始社会人们崇尚阳光，太阳是人类生存的主要依靠，由此产生了“太阳崇拜”，这也反映了远古时代人们对繁衍生存的强大崇拜。[48]

图3-20 铜鼓纹

3.“卍”字纹

贵州蜡染中的“卍”字纹以方形结构和曲线为相对延伸的基础形状，在整体矩形结构平衡的基础上有了一个流体的连续性（图3-21）。“卍”字纹有着天圆地方、万物共存对立统一的和谐意味，在蜡染艺术作品中或许并没有基础纹理，但却在每一根简单活泼的曲线中牵动了整个图像，基本形态简洁明了，而具体形态则丰富多样，线索连续弯曲，变化共生，形成顺时针排列的规则对立单元。[40]

图3-21 蜡染“卍”字纹

4. 马蹄纹

马蹄纹是因为纹样形似马蹄而得名。马蹄纹样是由一个扇形内部加几何线条组合而成并通常以四方向连续的形式使用，经常与蕨菜纹或是树叶纹相结合。[40]

5. 窝妥纹

窝妥纹是丹寨地区苗族蜡染中最具代表性的几何纹样，因为纹样视觉上像水里的漩涡，所以丹寨本地的“白领苗”也将其称为“漩涡纹”。“窝妥纹”是苗语汉化演变而来，在苗语中“窝”名为衣服，“妥”名为蜡染，“窝妥”则意译为蜡染的衣服（图3-22）。该纹样主要装饰于衣服的袖子和肩膀处，表达出对民族的崇拜和对祖先的追忆。关于丹

图3-22　窝妥纹

寨苗族“窝妥”纹在学术界说法不一。

对窝妥纹样的来历有两种说法：一种是这种纹样是祖先创作的最早纹样，为了表达对祖先的尊敬和怀念，就照原样保留下来了；另一种是苗族在“鼓社祭”的盛大祭典里，要杀牛作为供品并敲长鼓祭祀祖先，妇女们便将牛头和鼓头的旋纹变成花样，用以纪念。布依族则对螺旋纹另有解释，传说古时有位聪明能干的姑娘，不幸染了重病，请医生治疗无效。其母到山上采了一种“皆皆豆”（汉语叫“郎鸡草”）的嫩苔煎给姑娘吃，病就慢慢好了。因此，姑娘为纪念救命的“皆皆豆”就按其外形绘成螺旋纹，留在衣裙上。可见，无论哪种关于窝妥纹的起源之说，都表现出包含的深厚文化背景。

三、纹样蕴含的文化意蕴

（一）生殖崇拜

在苗族的观念中，生殖崇拜与祖先崇拜一样都是不可忽视的一部分，并且在蜡染的制作过程中也体现了这一点。多籽的石榴，多卵的鱼、蛙，形似腹中胎儿的卷草，都是屡见不鲜的蜡染图案。鱼腹内的斑斑点点便代表了鱼卵，有的甚至直接在鱼腹内画数条小鱼，这些都表达了人们对生殖的崇拜，对人口的重视。

（二）祖先崇拜

以蝴蝶图案为例，苗族人认为蝴蝶是生殖和美的化身，使得蝴蝶图案备受欢迎与流行（图3-23）。在蜡染图案中，我们可以看到各种各样的蝴蝶纹样，有蝶身鸟足造型、蝶翅人面造型、花蝶合体、鸟蝶合体等各种造型。[49]除此之外，枫叶纹、梨花纹、马蹄纹也都表现了当地人们对祖先的崇拜。

（a）单个鱼身蝶翅纹丹寨型（局部）

（b）单个鱼身蝶翅纹榕江型（局部）

（c）多鱼蝶形纹丹寨型（局部）

（d）多鱼蝶形纹凯里型（局部）

图3-23　蜡染蝴蝶纹

（三）自然崇拜

苗族人民对自然万物都有着崇拜与信仰。蜡染图案中的太阳纹、星辰纹、水波纹、山川纹、湖泊纹、铜鼓纹、螺旋纹、龙纹，无一不是当地人民自然崇拜的产物。

第五节　蜡缬制作工具

蜡染的制作工具可分为熔蜡工具、绘蜡工具、染色工具、除蜡工具。制作工具会因地域、支系、生活习惯及经验的不同而不同，而且随着时代的变化、技术的发展，蜡缬的制作工具也会有差异。

一、熔蜡工具

熔蜡时所需工具主要包括盛蜡器皿（小瓷碗、小陶罐、小酒盅、碗等）和加热工具（火盆、废弃锅、电炉等），因民族、地区、生活习惯的不同，熔蜡器具也各不相同，但大多数都是人们就地取材随手可得的工具。人们利用简单的随处可得的工具进行蜡染，也从侧面表现出他们仍然传承着先民就地取材、因地制宜的思想。[50]

二、绘蜡工具

（一）蜡刀

蜡染制品的绘蜡工具主要是蜡刀，分刀头和刀柄两部分。刀头由导热性好且散热慢的金属材料制成，可以较长时间保存蜡的温度及状态，避免蜡迅速降温凝固导致蜡液无法顺利流出。蜡刀刀头一般是铜制或铝制。刀柄多为木制或是竹制，长度约为7～10cm，一般用铁丝或鱼线将刀柄与刀头绑在一起固定。

根据刀头的形状，蜡刀又可以分为三角形蜡刀、斧形蜡刀、弧形蜡刀。

1.三角形蜡刀

三角形蜡刀（图3-24）的刀头为三角形，最外面一层由两片对称且下端连接的三角形组成，中间夹有三片略小的铜片。刀口侧面为尖角，绘蜡时刀头需微微倾斜使刀尖和织物接触，随着蜡刀移动，蜡液顺势慢慢流出来。[51]

2.弧形蜡刀

弧形蜡刀的刀头为弧状，由两片对称的弧形铜片和中间夹着的一片略小铜片并列组成。刀口圆滑，绘蜡时刀头可以垂直向下也可以微微倾斜，顺着刀头的缝隙方向绘蜡。[51]

图3-24　三角形蜡刀（图片来源：染友提供）

3.斧形蜡刀

斧形蜡刀的刀头形状与三角形蜡刀相似，但手柄与刀头衔接处呈斜角，使蜡刀整体造型类似斧头，所以又称斧头蜡刀。斧形蜡刀绘蜡方法与三角形蜡刀相似，绘制效果可能比三角形蜡刀还要好。[51]

（二）蜡壶

蜡壶的设计，是对漏斗原理的巧妙应用，类似于茶壶，只不过茶壶里装的是茶，而蜡壶里装的是蜡。使用时盛满蜡液，倾斜一定的角度使蜡液顺着蜡壶细长的壶嘴流出，因手

速的快慢、蜡液温度的不同，形成或粗或细的流畅线条。

（三）印章

印章是一种类似于模型的绘蜡工具（图3-25）。使用的时候先蘸一下蜡液，然后根据位置的需要让印章与布面垂直按压在面料上，蜡液就会形成模具的形状留在面料上从而防染。

模具有四瓣、六瓣和八瓣不同形状，有的形状尖尖的，有的呈圆弧状，也有八瓣菱形组成的。模具可以保障图案的对称及规整，降低了绘制连续图案的难度，并能较好地保证速度和效果。

三、染色工具

在蜡染染色的过程中需用到的工具包括染缸、染棒、晾架、竹篓等，使用这些工具的目的是让织物在浸染的过程中均匀上色，制作出令人满意的蜡染成品。从而达到预期效果。

图3-25　印章

（一）染缸

大多数地区采用的染缸（图3-26）为陶制或木制，染缸的大小根据所要染的织物大小来决定。如今除了使用传统木制或陶制的染缸外，还有一些地区的人们使用的染缸是购买塑料大桶等。[52]

（二）染棒

染色时对于染棒的材质并无要求，它大多数是来自人们生活中随处可得的竹棍或木棍。在织物进行染色的过程中，为了能够使织物表面上色均匀，需要用染棒对其轻轻搅拌和翻动。[52]

图3-26　染缸（图片来源：团队基地染坊调研拍摄）

（三）竹筐

在装有蓝靛染缸的底部沉淀着或多或少的杂质与残渣，为了防止织物在染色过程中沾上杂质或残渣，人们会在染缸的底部放置竹筐。[52]

（四）晾架

在大多数情况下，染缸的上方都放置能够挂起织物晾架（图3–27），材质一般为竹制或木制。[52]现在也有用不锈钢的。

图3–27　晾架（图片来源：贵州蜡染调研拍摄）

四、除蜡工具

除蜡是指在染完色后将作为防染材料的蜡去除掉，进而显示出在本色面料形成的花纹。蜡的去除方法一般有两种，一种是熨斗除蜡，另一种是沸水除蜡，两者各有利弊，可根据使

用所需进行选择。熨斗除蜡难以将蜡彻底去除，但是不容易造成颜色的褪色、变浅；沸水除蜡效果较为彻底，但易导致面料褪色。因此，除蜡工具主要是铁锅、熨斗，使用较为频繁。

五、其他工具

在蜡染的制作中还会使用碾布石、牛骨、圆柱筒等辅助工具。

碾布石，呈元宝形状，经过浸泡或煮制晾干后的织物或多或少有褶皱或布面不平整，在画蜡之前常用碾布石来碾制织物。牛骨，是用来把上过浆的织物打磨得更加光滑和平整，这样有利于绘制蜡染图案。圆柱筒，是人们在没有圆规的情况下画圆的辅助工具。[52]

第六节　蜡缬制作技艺

蜡染制作工艺较为复杂，大致可分为准备工具、面料预处理、图案定位与设计、熔蜡、绘蜡、龟裂处理、染色、退蜡、漂洗等步骤。制作时，最好有专门的场地进行。

一、准备工具

首先需要准备好蜡染制作的工具与材料，不同型号的蜡刀、熔蜡用的电炉、盛蜡器皿、桌板、染缸、铁锅、熨斗、晾架、蜂蜡或者石蜡、靛蓝染料、面料等。

二、面料预处理

过去人们用的面料主要是自己织的土布，经历棉花种植、纺线（图3-28）、织布（图3-29）等步骤，织造出的土布自给自足。随着社会的发展，现在很多地方已经不再自己织布了，而是直接购买面料加工印染，生产出的蜡染制品也有一部分商用。

制作时，用来画蜡的面料需要提前进行处理，古代称这道工序为“湅”。有的地方是直接用热水煮烫，有的地方是用草木灰水来煮，还有的地方先用柴灰烧脱胶，然后再用蜂蜡煮，最后使面料更有光泽、更加细腻，此外，有的地方则是通过自然露水使杂质慢慢消失。经过预处理的面料平整光滑无胶质，方便在画蜡时上蜡更均匀。

图3-28　纺线（图片来源：贵州蜡染调研拍摄）

图3-29　织布（图片来源：贵州蜡染调研拍摄）

三、图案定位与设计

在绘蜡之前要对图案的位置与大小进行规划，规划与设计的细致程度会因人而异。传统蜡染制作者是根据纸剪花样确定大轮廓，也有的会用石子、竹签或者蜡刀进行大体的划分，做一个大致的构图与定位。一些经验丰富的老人则只需用指甲凹出大概的轮廓，按照经验或腹稿进行绘制。现代蜡染制作者则会用铅笔先在面料上设计出图案，待图案造型明确后，按照铅笔稿再进行蜡的绘制。

四、熔蜡

熔蜡之前需要对蜡进行选择。常用的蜡有动物蜡（蜂蜡）、矿物蜡（石蜡）、植物蜡（木蜡）和混合蜡等，不同的蜡性能不同，对应制作出来的蜡染效果也大相径庭，制作者需要根据设计选择适宜的蜡材，例如，石蜡作为矿物质材料，熔点较低，易碎裂和脱落，适合制作冰纹；而木蜡则性能相反，适宜绘制精致、细腻的蜡染图案等。[44]熔蜡是绘蜡的基础。

在点蜡之前先做熔蜡处理，一种方法是将火盆或者铁锅等耐热的器皿置于炭火上，加入蜂蜡小火加热，等待蜡熔化成液体再加入一定量的牛油即可进行绘蜡。另一种方法是用搪瓷小碗或者小土罐等器皿盛蜡放入盛满草木灰的火盆中，其中草木灰具有一定的温度，通过草木灰的温度熔化蜡。蜂蜡的熔点如果为62~66℃，理想温度应加热到成液体后微微冒烟最佳，大致为100~130℃。如果温度过高，将会导致蜡易燃、油脂量减少、蜡液变脆易碎等现象；如果温度过低会影响蜂蜡的渗透效果，致使蜡起不到防染作用。例如，在贵州安顺的福远蜡染馆，用电导热来控制蜡液温度，一般是用48伏的电压来加热保持，当温度升到蜡液微微冒烟时就可以进行绘制了。

五、绘蜡

绘蜡是整个蜡染环节最核心、最关键的一步，也是最考验蜡染制作者技艺的一步。绘蜡讲究绘制的速度，快则容易在织物表层渗开，慢则会导致蜡液过早凝聚成块，速度快慢的把握取决于绘制者的熟练程度。

六、龟裂处理

蜡染工艺的龟裂处理是表现蜡染图案形式的一种独特的方法，等到蜡冷却后进行龟裂处理，采用不同的描绘手法，获得不同的冰纹效果。龟裂方法有冷冻龟裂法、强压龟裂法、自由捏折龟裂法等。[53]

七、染色

蜡染的染色分为浸染法与刷染法两种。浸染法是在绘蜡、龟裂处理步骤完成后将面料浸入染缸里搅拌，使面料未上蜡的位置充分染色。刷染法则是用毛刷蘸着染料进行着色。染色的时间长短以及染色次数要综合考虑多方面的因素：面料的厚薄、所处的季节、气温的高低、染液的浓度（图3–30）。

八、退蜡

退蜡就是将蜡从染好的织物中脱离开，也是制作蜡染的后阶段环节。[51]退蜡分为沸水退蜡与熨斗除蜡（图3–31）。

1. 沸水除蜡

将染好的布料放入锅中，加入清水、石灰，用锅铲翻面料、搅拌，附着在面料上的蜡遇高温就会融化脱落，从面料上分离开混合在水中。现代的工艺中凤凰蜡染艺人为防止织物上有残留的蜡，会在干净的沸水中进行二次加工。[51]沸水除蜡较为彻底，但也容易导致褪色。

2. 熨斗除蜡

将面料铺平放在桌板上，面料上层垫一层报纸，用熨斗熨烫，蜡就会慢慢脱落附着在报纸上。熨斗除蜡难以彻底将蜡除掉。也有将沸水除蜡与熨斗除蜡两者相结合使用。

图3-30　染色（图片来源：贵州蜡染调研拍摄）

图3-31　退蜡

图3-32　漂洗

九、漂洗

漂洗是蜡染制作的最后一步，也是较为简单的一个环节。除掉蜡之后用清水反复冲洗面料浮色，直至洗后的水较为清澈，然后铺平晾干，若晾干后的面料不平整，可以再进行熨烫使其平整（图3-32）。

第七节　蜡缬面料与染料

一、面料

随着时代发展，各地老百姓由原来是自己动手纺纱、织布，这样的面料俗称“家织布”。到“家织布”的工具都被闲置，损毁燃尽，完整保留下来的少之又少。取而代之的是工业生产的棉坯布，面料质地相较“家织布”纱纤细且表面平整，且面料种类较多，有平纹和斜纹之分。无论斜纹或平纹，其面料还存在厚薄之别，这也需要制作者根据产品需要进行选择。例如，表现细腻精致的图案可以选用精细的丝织物，表现朴素粗犷的图案可以选用粗糙的棉、麻织物，如图3-33所示。

随着市场上蜡染制品种类不断丰富，除选用工业棉布之外，近几年各种真丝质地的面料也越来越受到蜡染制作者的青睐，其面料质地柔软、细腻，轻盈透明的可以制作围巾，不透明有光泽度的可以做服装，相较棉、麻的面料，真丝面料更易于染色。[51]

图3-33 面料（图片来源：贵州蜡染调研拍摄）

二、染料

蜡染染料取自植物，受地理位置和气候影响，不同的地方采用马蓝（图3-34）、蓼蓝、菘蓝等不同的植物，从中提取靛蓝泥（图3-35）进行染色，具有良好的健康环保性，无毒无害，而且蓝草具有药理作用，其根可入药，如中药板蓝根就是由菘蓝的根制成，具有杀菌消炎、清热解毒的功效。在染色过程中，蓝草的药物成分和香味成分与色素一起被织物纤维吸收，染后的织物散发出天然的香气并对人体有特殊的药物保健作用。[54]

图3-34 马蓝（图片来源：贵州蜡染调研拍摄）

图3-35 靛蓝泥（图片来源：贵州蜡染调研拍摄）

中国栽培蓝染植物历史相当悠久。古时，宋应星在《天工开物》中说："凡蓝五种皆可为靛。茶青即菘蓝，插根活。蓼青、马蓝、吴蓝等皆撒子生。近又出蓼蓝小叶者，俗名苋蓝，种更佳"。可见，蓝染染料在古时种植广泛，使用最多。

第八节　国家级非物质文化遗产
——苗族蜡染技艺（贵州省丹寨县）

2006年5月，丹寨县申报的"苗族蜡染技艺"入选第一批国家级非物质文化遗产代表性项目名录，编号Ⅷ-25。

一、丹寨县简介

丹寨县，由丹江、八寨合为一县，各取一字，名为丹寨，隶属于黔东南苗族侗族自治州（图3-36）。县境内多民族聚居，有苗族、水族、布依族等21个少数民族，其中苗族占大多数。[55]

图3-36　丹寨县风景

丹寨蜡染是中国贵州省内最有代表性的蜡染之一，其分布范围大致在丹寨县城东南部，其中以排调乡远景村和双尧、方盛等乡和扬武镇排莫村、排倒村为核心，及其周围争光、宰沙、基加、乌湾等乡，是丹寨蜡染工艺布局的重点区域。[56]

二、丹寨县苗族蜡染的发展概况

受到地理环境的限制，生活在贵州等地的居民长期与世隔绝，自给自足，古老的蜡染技艺也因此得以保存。在宋代，人们用两块镂有细花的木板夹住布帛，将熔化的蜡液灌入镂空的部位，再染煮而得花布。到了清代，蜡染由以蜡灌刻版印布，发展到直接用蜡刀绘制。这说明，苗族先民在漫长的历史过程中，也根据自己的经验，更新和改进了蜡染工艺。[57]

三、丹寨县苗族蜡染技艺传承人

（一）王阿勇

2012年12月，王阿勇入选为第四批国家级非物质文化遗产代表性传承人。王阿勇自幼学画制蜡，蜡染技术也逐渐娴熟。王阿勇绘画时不用尺，不打底，运笔大胆，一气呵成，笔下花、鸟、鱼、虫形态传神，形式生动（图3-37）。其著名作品有《百年旋涡蜡染》等。王阿勇还数次被请到外地传师授艺，并创办了丹寨阿勇蜡染旅游文化产业有限公司。

图3-37　王阿勇作品

（二）杨芳

杨芳，第五批国家级非物质文化遗产项目代表性传承人，被赞为“蜡花小姐”，拥有本土的蜡染公司——丹寨县宁杭蜡染有限公司。其蜡染生产至今仍然坚持传统技艺，以家庭为生产单位，手工点蜡画图，不使用机械化印染生产。图案以花、鸟、鱼、虫为主，制作的蜡染作品无一件相同（图3-38）。在制作过程中，她坚持使用原生植物蓝靛为染料，不使用化学工业染料。这份长久坚持的匠心不仅延续了丹寨的传统技艺，还保留了当地民族特色的原汁原味。[58]

图3-38　杨芳作品

（三）成昊

提及丹寨蜡染就不得不提到一位国内著名蜡染服装设计师——成昊。他是中国服装设计师协会会员，曾获2013年国际蜀锦大赛金奖、2014年APCEC国家领导人服装特殊贡献奖、美国ACIC国际认证亚洲服装设计艺术家，作品曾多次发布于纽约国际时装周、中国国际时装周、上海国际时装周等。

2021年3月17日由武汉纺织大学服装学院主办，纺大染语天然染色工作室承办的“成长导航大讲堂”邀请成昊为同学们带来了一场主题为“千年窝妥 古韵今风”的精彩线上讲座，讲座分为三部分。第一部分，成昊介绍了“窝妥”之意，在苗语中，“窝”者，衣也，“妥”者，蜡染也，“窝妥”就是蜡染的衣服。而后他着重讲解了蜡染的起源、特点、工艺。为同学们介绍完蜡染技艺之后，成昊分享了他2017年首次来到贵州丹寨采风了解学习蜡染的过程，此后便一直致力于发展蜡染文化，助力蜡染文化走出大山，走向世界。第二部分，成昊讲述了几种丹寨苗族蜡染技艺的主要纹样，如图3-39～图3-44所示。

（1）妥纹，水涡纹状，丹寨苗族亦称为“窝妥”纹，源于苗族古老的盛装窝妥上的主要服饰纹样。涡纹一圈一圈的圆环被喻为与遥远先祖沟通的道路和世界。

（2）花草纹，多以装饰点缀为主，这些花草植物纹样的烘衬使得蜡染的自然景物和谐自然，给人一种祥和的美感。

（3）鱼纹，鱼的朝向分向内向外。苗家人钟爱鱼纹样是因为有它代表的一种寓意性意义，鱼纹样的多种形式造就了苗族蜡染独特的形式美，极具民族特色的蓝白相间花色更加衬托出鱼纹样的神秘美。

（4）龙纹，少数民族的龙纹形态比较多变，以苗族为例就有鱼龙、鱼尾龙、盘龙、水龙、蚕龙、叶龙、水牛龙等造型，其中，有些龙纹的造型既像蚕又像蛇，与汉族的龙纹不同，独具少数民族特色。

（5）鸟纹，多为欢乐、欢快、生动的形象。苗族姑娘借此纹样，寄托着对生活美好的憧憬与希冀。鸟纹多表现男女之间的爱情，其中常出现的有孔雀、喜鹊、锦鸡等，这些鸟纹或窃窃私语，或比翼双飞，或昂首啼啭，生动形象表达了人们对美好生活的向往。

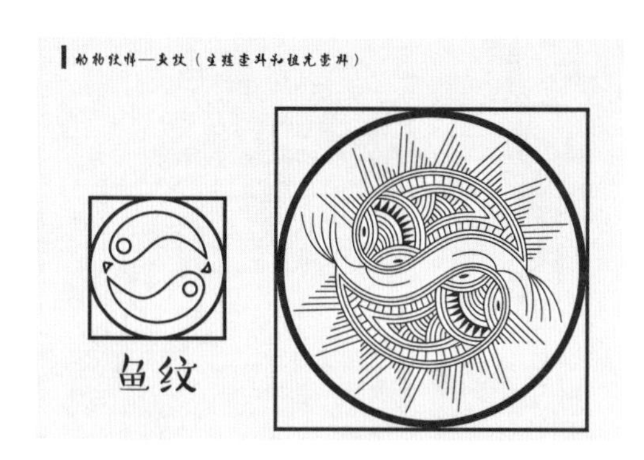

图3-39　鱼纹（图片来源：成昊在武汉纺织大学线上讲座拍摄）

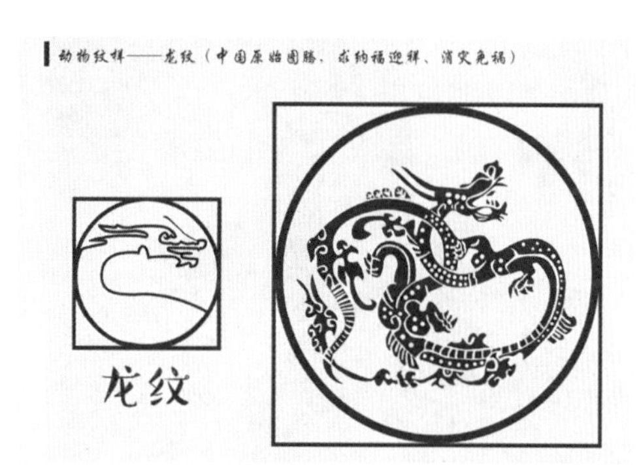

图3-40　龙纹（成昊讲座图）（图片来源：成昊在武汉纺织大学线上讲座拍摄）

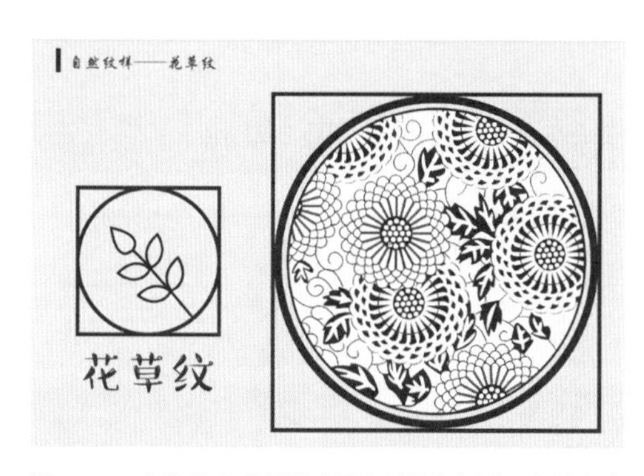

图3-41　花草纹（成昊讲座图）（图片来源：成昊在武汉纺织大学线上讲座拍摄）

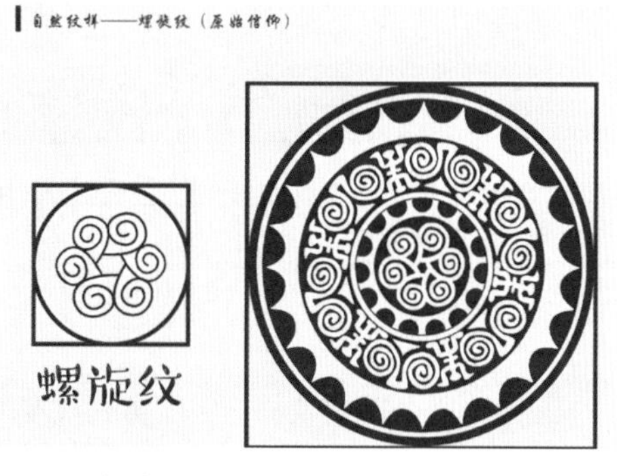

图3-42　螺旋纹（成昊讲座图）（图片来源：成昊在武汉纺织大学线上讲座拍摄）

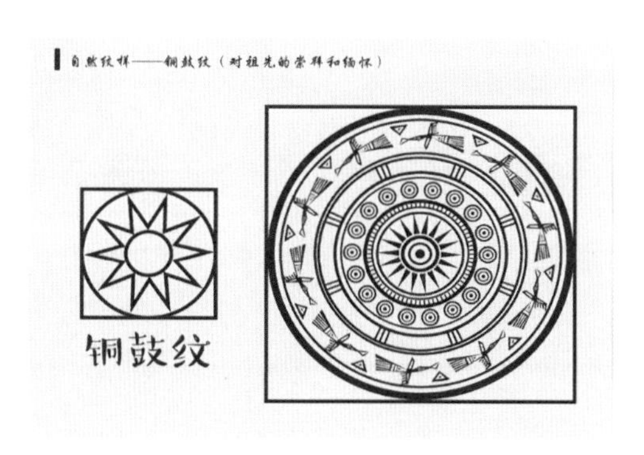

图3-43　铜鼓纹（图片来源：成昊在武汉纺织大学线上讲座拍摄）

图3-44　鸟纹（图片来源：成昊在武汉纺织大学线上讲座拍摄）

第三部分，成昊展示了自己以往的服装设计作品。如2017年的作品“蓝·忆”系列、2018年“梦山海”系列、2019年“蓝梦旗语·锦鸡”系列、2019年“锦绣中华”系列以及2020年的“次第花开”系列，都是以蜡染技艺在创意服装上的应用为主（图3–45）。

图3–45 成昊蜡染作品（图片来源：成昊在武汉纺织大学线上讲座拍摄）

第九节 国家级非物质文化遗产——凤凰蜡染技艺

2006年，凤凰蜡染技艺经国务院批准列入第一批国家级非物质文化遗产名录。

一、凤凰县简介

凤凰县，隶属于湖南省湘西土家族苗族自治州，地处湖南省西部边缘，湘西土家族苗族自治州的西南角，东与泸溪县接界，北与吉首市、花垣县毗邻，南靠怀化市的麻阳苗族自治县，西接贵州省铜仁市的松桃苗族自治县。

二、凤凰蜡染技艺发展概况

凤凰苗族蜡染起源于古老的中原文化。明清时期，凤凰县的军事力量得到极大的发展，

随后社会、经济、民间工艺文化与技艺发展得到传播，于是就形成了当地特色的民族手工艺文化。在明清时期，凤凰县的蜡染技术还处于初始阶段，但到了民国年间，凤凰的蜡染手工艺就达到了空前的繁荣。

三、凤凰蜡染技艺传承人

（一）王曜

王曜，湖南省湘西苗族自治州非物质文化遗产代表性项目——凤凰蜡染技艺州级代表性传承人，中国民族工艺美术蜡染大师，湖南省民间美术研究会副主席，凤凰县工艺美术协会副主席。他的代表作有《观音》《佛像》等系列作品，其中《千手观音》《梦想锦绣》荣获中国民族工艺美术“神工百花奖”金奖。2019 年，其蜡染作品被欧洲集邮协会选用为邮票票面图案，在欧美多个国家发行，被授予世界杰出华人艺术家称号。

（二）熊承早

熊承早，汉族，凤凰县人，蜡染州级代表性传承人，其蜡染作品与国画结合，充分表现了蜡染的冰纹特色及浓淡变化，充满了民族气息，每一幅作品都极具收藏价值。其代表作有《九十三岁白石》《边城吊脚楼》《沈从文先生的故乡》等，其中蜡染画《九十岁蔡老》已被中国美术家协会永久收藏。

熊承早的蜡染制品并不局限于传统纹饰的再复制，而是尝试将蜡染技艺与绘画相结合（图3–46）。其创作题材除了早期传统的花鸟纹饰外，多从自身的生活背景挖掘新题材，如苗族妇女、老人、苗家吊脚楼等，借以绘画的形式充分表现出蜡染的冰纹特色及浓淡变化。[59]

图3–46 熊承早作品

第十节　国家级非物质文化遗产
——安顺蜡染技艺

图3-47　安顺蜡染馆

2008年，贵州省安顺市申报的苗族蜡染技艺入选第二批国家级非物质文化遗产名录，编号Ⅷ-25。

一、安顺市简介

安顺市东邻省会贵阳市和黔南布依族苗族自治州，西靠六盘水市，南连黔西南州兴义市，北接毕节市，是黔中经济区的重要城市。安顺市的地理位置使其拥有了优质的水、矿产、生物等自然资源。除此之外，安顺作为一个多民族杂居的城市，包含有20多个少数民族，这也使得其文化变得十分多元。

二、安顺蜡染的发展概况

安顺蜡染历史十分悠久，被誉为“蜡染之乡”。安顺蜡染因产于苗族、瑶族地区，所以又称为“傜斑布”（图3-47）。在秦汉时期，少数民族聚居地区的先民们就已经掌握了蜡染技术。明朝时期，朱元璋携大军到来，取平安顺利之意设“安顺州”，安顺蜡染自此为外部所知。

三、安顺蜡染技艺传承人——王月圆

2017年12月，王月圆入选第五批国家级非物质文化遗产代表性传承人。多年来，她在兼顾自己家庭的同时，致力于传承和发展蜡染技术。她擅长在传统文化上进行创新（图3–48），使其更具有当代特色的同时，增加了产品的实用性。作为民间的工艺大师和杰出的民间文化传承人，她的作品也受到了美国、法国、澳大利亚等国的收藏者的青睐，享有了一定的国际地位。

图3–48　王月圆作品

第十一节　国家级非物质文化遗产——苗族蜡染技艺（四川省珙县）

2011年，四川省珙县申报的苗族蜡染技艺入选第三批国家级非物质文化遗产名录，编号Ⅷ–25。

一、珙县简介

珙县，隶属四川省宜宾市，有“中国民间文化艺术之乡”之称。北与高县连界，南与大雪山相连，西靠筠连县，东南、东北与兴文县、长宁县连界，是宜宾市南部重要交通枢纽和物资集散地，少数民族人口占比极大。苗族作为珙县主要的少数民族，其蜡染技艺是不可被忽视的。2022年，珙县苗族蜡染技艺传承保护展示中心建设完成，是目前国内面积最大的蜡染文化专题展馆。

二、珙县蜡染的发展概况

珙县蜡染可以追溯到秦汉年间，盛行于隋唐时期。在珙县，苗族蜡染又被称为“丈宙”。《珙县志》中有对蜡染裙的明确记载。苗族同胞对蜡染的崇尚千年不改，使蜡染技艺得到空前的发展。密不觉繁复，简不觉单薄，古朴中包含粗犷，简略中蕴藏典雅，其鲜明的民族风格使蜡染成为不可缺少的民间文化宝藏。

三、珙县蜡染技艺传承人——王力洪

2011年，王力洪被评为苗族蜡染技艺省级非物质文化遗产代表性传承人。王力洪16岁时师从苗族蜡染技艺大师黄贵芬。在几十年的蜡染生涯中，她先后为苗族同胞提供百褶裙布料近1000米，将极具地方特色的苗族蜡染技艺带出了珙县，并将其发扬光大。在她的带领下，乡亲们逐步致富，乡村建设也得到了极大的发展。

第十二节　国家级非物质文化遗产——黄平蜡染技艺

2011年，贵州省黄平县申报的苗族蜡染技艺入选第三批国家级非物质文化遗产名录，编号Ⅷ–25。

一、黄平县简介

黄平县为贵州省黔东南苗族侗族自治州下辖县。县名源于旧州，以地平“撅土为黄”而得名。黄平县位于贵州省东南部，在黔东南州西北部。东界施秉，南邻台江、凯里，西连瓮安、福泉，北与余庆接壤。僅家蜡染作为黄平县的众多风俗民情之一，极具特色。

二、黄平蜡染的发展概况

黄平僅家蜡染历史悠久、独具特色，是贵州高原最古老的民族传统蜡染艺术之一。僅家蜡染的图案纹样可以追溯到殷商时期，其中最具代表性的便是饕餮纹。清代《黔中记闻》中也有着对僅家蜡染的明确记载。20世纪70年代，黄平县开办蜡染工厂，优秀的蜡染师傅们也带着他们的作品走出国门，并在国际舞台上获得了很高的赞誉。

三、黄平县蜡染技艺传承人——罗文珍

2022年8月，罗文珍入选第六批国家级非物质文化遗产代表性传承人。罗文珍，僅家人，她拥有娴熟的蜡染技艺，画蜡时没有固定图案，心中想什么就画什么，不打稿，也不用尺规，却能要圆成圆，要方成方，各种纹样、图案都信手拈来，且线条流畅细腻，韵味十足。

第十三节　国家级非物质文化遗产——织金苗族蜡染技艺

2021年，贵州省织金县申报的苗族蜡染技艺入选第五批国家级非物质文化遗产名录，编号Ⅷ–25。

一、织金县简介

织金县位于贵州中部偏西，是贵州省毕节市下辖县，北邻毕节市大方县、黔西县，东靠贵阳市清镇市、安顺市平坝区，东南连安顺市西秀区，南毗安顺市普定县，西南接六盘水市六枝特区，西抵毕节市纳雍县（图3–49）。这里有着浓郁的少数民族风情，有“世界上最小的蜡刀”。从古至今，这里的苗族女性都自幼研习蜡染技艺，代代相传。

二、织金苗族蜡染的发展概况

苗族蜡染初始目的是为满足最基本的生活需求。随着时代的发展，蜡染逐渐从自给

自足的生活用品中脱离出来，并与其他文化产生碰撞，形成了具有地方特色的手工技艺（图3-49）。织金蜡染历史悠久，在未发现靛之类的原料之前，人们使用蜂蜡绘画，田泥染色。相传在明洪武年间，汉族人来到织金地区，带来了靛，从那时起，便使用靛染至今。

图3-49　织金蜡染（图片来源：《苗族蜡染》）

三、织金苗族蜡染技艺传承人——蔡群

2022年8月，蔡群入选第六批国家级非物质文化遗产代表性传承人。蔡群在小时候就展现出了极高的学习天赋。2006年，蔡群携带蜡染作品《织金洞银树雨》参赛，荣获二等奖，一举成名。在苗族蜡染被列入国家非物质文化遗产名录之后，蔡群开起了网店，致力于向年轻人宣传织金苗族蜡染技艺，同时也帮助生活在织金县的家庭走向了小康（图3-50）。

图3-50 蔡群作品

思考题

1. 中国传统蜡缬的艺术特色有哪些？

2. 谈一谈贵州地区蜡染制作技艺的过程。

3. 目前我国国家级非遗名录中蜡染技艺有哪些？

第四章

中国传统染缬——夹缬（夹染）

第一节　夹缬的定义与起源

一、夹缬的定义

夹缬，按字面解释如下："夹"指操作方法；"缬"指夹印的成品。所谓夹缬，即操持雕版夹印纺织品的工艺及其产品（图4-1）。但由于操作方法、夹版性质以及工艺流程不同，故夹缬的定义有广义和狭义之分。狭义的夹缬，专指直接操作雕版夹持纺织品，利用两版夹紧处防染，未夹紧处染色的原理制成印花纺织品；广义的夹缬，不仅包括直接操作夹版一次性完成印花的夹缬，还包括利用夹版夹持坯料，先印灰浆或蜡，再经染色、退浆或蜡后显花的二次印花工艺及其产品。[60]泛指所有使用夹版或其他方式加工纺织面料进行印染布料的工艺方法，具有成本低，生产效率高、产品质量好等特点。

图4-1　夹缬木版（图片来源：中国丝绸博物馆调研拍摄）

二、夹缬的起源

蓝夹缬最早可溯源至我国秦汉时期，但真正有史料记载并有实物例证的夹缬出于唐朝。彩色夹缬多印染于丝绸、帛等面料，且多制成裙、襦、披肩等服饰。唐朝夹缬花式多样，极具时代色彩，以花鸟纹样为盛，宝相花缠枝纹也不断被装饰应用。回顾夹缬历史，唐朝不仅是夹缬的源起时期，还是最兴盛发达时期。到了宋朝，北宋为区别"卫士之衣"，复色夹缬被官方所禁，《宋史》记载："又禁民间服皂班缬衣。"夹缬逐渐向单色转化，但到了南宋时期，复色夹缬又重新流行于民间之中。到了元朝，夹缬的实物制作和文献记载都十分罕见，踪迹难觅，但元朝对棉花种植的推广却深深影响了蓝夹缬后来的制作和产出式样的发展。明代时，夹缬流传范围较窄，多为与宗教相关制品，且主要为藏地文化衍生。明末清初，随着手工艺及资本商业萌芽的发展，夹缬得到发展应用，灰版镂空夹缬工艺盛极一时。清末，夹缬逐渐开启了以棉为印染面料的时代，也展开了单色夹缬的时代，复色夹缬在此时期慢慢消失。[61]图4-2所示为单色夹缬，图4-3所示为彩色夹缬。

图4-2　单色夹缬（图片来源：南通蓝印花布博物馆调研拍摄）

图4-3　现代复原彩色夹缬（作者：王河生，图片来源：温州商报）

第二节　夹缬地域分布

在我国，夹缬主要分布在浙江省，其曾普遍流传于温州地区。至今，温州市下辖的苍南县、乐清市、瑞安市的夹缬技艺均得到较好保护和传承。

一、蓝夹缬技艺

2011年，蓝夹缬技艺被列入第三批国家级非物质文化遗产名录，项目编号Ⅷ–192，代表性传承人有王河生、黄其良。

温州蓝夹缬。是我国雕版印染和印刷的源头。蓝夹缬曾是浙南民间婚嫁必备用品之一，它使用蓝靛为染液，以晚清至民国时期时流传的昆剧、乱弹、京剧等戏文情节为主要纹样，辅以花鸟虫兽等吉祥纹样。这其中的纹样特征对研究戏曲和民俗有着重大意义。2011年，温州市建成采成蓝夹缬博物馆，这是我国首个由非遗传承人创办的蓝夹缬博物馆，馆内集展览、实践于一体，也是温州市第三批非物质文化遗产蓝夹缬技艺传承基地。尤其蓝夹缬博物馆展出传统的靛青染料炼制、蓝夹缬制作技艺的一整套程序，是中华民族民间智慧的结晶，也是传统民间文化的体现，更是雕版印染的活化石。夹缬被面其上图案清晰，刻法严谨，造型饱满，符合当地人们审美需求，也是雕版印染技艺的珍贵遗产。

温州蓝夹缬受到当地传统乡风乡俗的影响，具有浓厚的地域性。首先，温州蓝夹缬纹样的题材与人们的日常生活息息相关，每一种图案纹样都具有丰富的文化内涵，通过运用谐音、比拟、借喻、双关、象征等多种手法，形成了独特的构图样式与文化内涵。在温州地区，女子出嫁时，娘家人送的嫁妆中常有一床印有蓝夹缬纹样的纺织用品，纺织用品上的图案大多是吉祥纹样，寓意富贵吉祥和多子多福。因婚嫁用途，温州蓝夹缬纹样有很多喜庆元素，如百子纹样、喜（鹊）上眉（梅）梢、抬头见喜（鹊）、“双喜”纹样等，寓意多子多孙、儿孙满堂与婚姻美满。其次，两宋时期，经济繁荣，市民阶层兴起，为温州南戏的发展提供了有利的条件。因此，温州蓝夹缬纹样上出现了大量的戏曲纹样。早期南戏又名永嘉杂剧或温州杂剧，在温州婚丧嫁娶、节日庆典以及重大活动现场都有南戏的演出，这成为戏曲纹样创作的源泉。[62]

二、苍南夹缬

2006年，苍南夹缬入选浙江省首批非物质文化遗产名录，代表性传承人有薛勋郎等。

苍南夹缬印染生产技术性较为复杂，它完整地保存了中国古代夹缬印染的生产技术和生产流程，以及包括天然靛青制作的配方、配液和以天然靛青为染料的技术，可以说苍南夹缬是我古代印染技术的活化石，对于研究我国印染技术的原始风貌、传承方式和发展过程具有重大意义。

苍南地处山陬海隅，地形复杂，直至20世纪80年代还有许多乡镇未能通车，交通十分不便。夹缬工艺具有操作简单、原材料充足、价廉物美等特点，充分地满足了当地人民的生活需求。此外，夹缬被面图案印染精美，符合当地人民的审美需求。特别是苍南的工艺美术工匠相对较少，甚至连夹缬印染所用的花版都要到周边的县城订制。20世纪初就出现苍南蓝印花布的印花版一般是用桐油纸镂刻而成的，容易损坏的情况。一旦损坏就得到外地重新镂刻，比不上木头结构的缬版经久耐用，一套能用好几年。因此，夹缬工艺深受当地工匠的青睐，这就是夹缬在苍南得以保存的原因。[63]

图4-4　苍南夹缬

苍南夹缬，主要用于日常生活所需的被面，每条被面印制12个或16个蓝底白花、蓝白分明、造型丰富、风格纷呈的图案，一床被面上各个图案的构图相似而又有所区别、各具特色而又整体统一，协调布局、相互衬托，具有整体和谐之美；被面上的每个图案又均可独立成章，结构严密集中，构图形象生动、精练率直，既有青花古瓷的清丽，又有传统剪纸的质朴和粗犷大气，简洁又典雅且不失明快，富有生动活泼的民间韵味。[64]

苍南夹缬（图4-4）图案内容丰富，时代特征显著，可分为传统吉祥图案、传统戏曲故事人物图案、

百子图、现代图案、混合型图案五类。其中，最受苍南人民欢迎的是传统戏曲故事人物图案和百子图。据《苍南县志》记载，苍南境内仅江南片区在民国时期10余个乡镇就有戏台180个。当时随着戏曲活动的兴盛，形成了以“社火”“高腔”和“昆剧”为中心的民间戏班，其中又以“南昆”最为活跃。至今，苍南还保留着每年正月以请戏看戏的形式娱神还愿的习俗。苍南地处东海之滨，在明代倭患频繁，为了防御外侵，苍南人尚武之风极盛。历史上，苍南境内仅出现过一位文状元，却出现过七位武状元、一百二十余个武进士，家族斗争时有发生。以前的苍南重男轻女的风气比较重，而且追求多子多福。[63]

第三节　夹缬艺术特色

一、构图完整

夹缬的构图具有固定的模式，画面是以线条为主、点线面结合的对称图案。每个图案都是由主图、辅图和中间线构成，中间线将图案分成两半。蓝夹缬人物造型大多比较完整，甚至侧脸也是微侧，每个人物尽量不相互遮掩，图案线条的比例分布都十分均衡，以保证每幅画面都有很强的秩序感和形式感，符合中国吉祥图案完美的造型特征，具有和谐的韵味。[65]如图4-5所示，我们可以看出夹缬构图的完整性。

图4-5　夹缬构图

二、八正八倒

温州苍南地区有“通腿”的习俗，即夫妻分头睡，所以蓝夹缬被面图案一般是八正八倒的排列，从两端看都是正立图案，不需要区分正面和反面的图案，也可以让两端的人都看到的是正面图案（图4-6）。[65]

图4-6 “八正八倒”局部（中国丝绸博物馆调研拍摄）

三、造型独特

蓝夹缬独特的造型手法，在众多印染图案中极易分辨。蓝夹缬图案随着时间的迁移，发展到现在，图案的题材在变，修饰的辅助纹样在变，不变的是程序化的构图和高度概括的平面化造型手法。

夹缬图案题材都来源于自然生活中，再将事物简单化，采用夸张变形的手法来呈现。为避免受具体形象的限制，使图案呈现具有抽象的艺术美感，蓝夹缬有意改变图案纹饰中的尺寸比例，将重要的纹样夸张化。有时为了表现事物自身的灵动之美，用写实的手法将对象具体化。在表现上侧重神似，不追求具体事物完全一样。蓝夹缬的图案在既定的图案模式下进行创作，使图案具有代表性与特别的审美趣味。[66]

第四节 夹缬图案分类

在长期的发展过程中，夹缬的纹样吸收了木雕阴阳凹凸的艺术特点，既符合人民群众的需要，又与劳动人民的物质和精神生活紧密联系在一起，形成了独特的民族美学观念和审美特征，体现了时代特征和地域特色。

图4-7 状元图（图片来源：《中国蓝夹缬》）

一、戏曲类

（一）状元图

状元图（图4-7）来源于相关的戏曲和民间故事。一位书生通过科举考试考取状元，从而声名鹊起，平步青云。因此，人们期待自己的丈夫或子女能一举成名、取得辉煌成就，寄托着人们的美好期望。[67]

（二）戏文图

图4-8 戏曲纹样《穆柯寨》（图片来源：《中国蓝夹缬》）

戏文图的图案取自地方戏曲，又称“南曲戏文”。它是指由民间口头创作、演出并以其曲调为主要表现手段而形成的一种独特艺术形式，取材贴近百姓，具有浓郁的民俗气息，表演模式不循规蹈矩，受到群众喜爱并得到了广泛流传。宋元以来，南戏剧目大多残缺不全，真正的夹缬图案更少。[67]图4-8是《中国蓝夹缬》中的戏曲纹样《穆柯寨》，夹缬版上的四个人物头戴唱戏的头饰，一眼便可以看出是戏曲纹样。图4-9为作者调研时于南通蓝印花布博物馆拍摄的戏曲纹样，收集于浙江温州。

图4-9 戏曲纹样（图片来源：南通蓝印花布博物馆调研拍摄）

二、动物类

（一）马纹

马纹的出现年代可定为中唐至晚唐，是当时丝绸之

图4-10　马纹（图片来源：《中国蓝夹缬》）

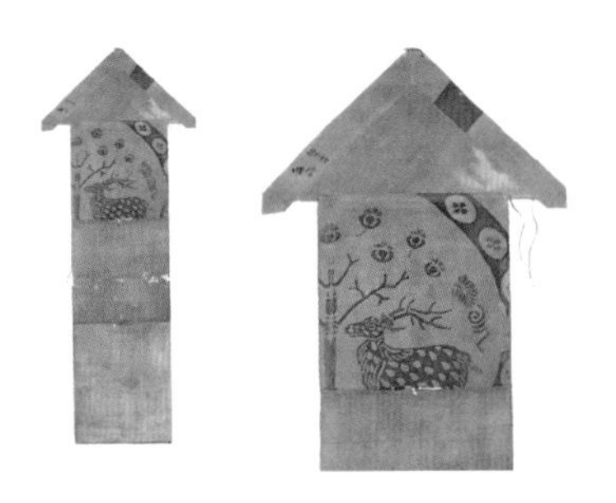

图4-11　朵花团窠对鹿图案（图片来源：俄罗斯国立艾尔米塔什博物馆）

图4-12　团花对鸟图案1（图片来源：甘肃省博物馆藏）

图4-13　团花对鸟图案2（图片来源：红动中国网）

路繁荣发展的产物。马纹在这个时候通常有两种形式：来自现实的战马、坐骑和来自希腊神话和波斯艺术处理的翼马。后者广泛出现在丝绸织锦中，而敦煌版画的马纹夹缬绢是前者。如图4-10所示为马纹。

（二）鹿纹

唐朝时期，鹿是一种广为流行的图案题材，其中最经典的就是团窠花树对鹿纹夹缬绢，现收藏于大英博物馆和埃尔米塔什博物馆。图案设计为朵花团窠的花树对鹿，窠外为团花。如图4-11所示朵花团窠对鹿图案，这件夹缬染色有两种以上的色彩，一种橘红色主要用于染地，另一种蓝色用于染鹿本身、树纹和团窠框架。本作品发现于敦煌，现藏于艾米塔什博物馆。

（三）禽鸟纹

禽鸟类纹样一般与花卉纹样共同搭配出现，多以对称的雁鸭、鸳鸯纹样为主，也有盘飞的仙鹤、蝶鸟纹样等。此外，还有对称的花树、花盘对禽，大型的花树之下或花盘之上，一对飞禽站立。花树可大可小、可繁可简，对禽可以分立，也可以共衔花枝。盘鸟类表现为两只飞鸟，左右盘绕，形成喜相逢的形式；绕花蝶鸟，飞鸟处于从属的位置上。还有蝶蜂之类，体型更小，在图案上随意安插，以丰富画面，增加其生动性和真实性。[68]图4-12、图4-13是团花对鸟图案，发现于敦煌，现藏于法国吉美博物馆。

三、人物图案

人物图案大致可分为吉祥人物图、戏曲（小说）故事人物图、百子图、现代人物图四类。

（一）吉祥人物图

吉祥人物夹缬图案灵感大多来源于民间信仰、历史传说、神话故事等。艺人将其中的民间诸神或吉祥人物与生活中的动植物、日常用具等共同组合成具有特殊意义的图案。

（二）戏曲（小说）故事人物图

戏曲（小说）故事人物夹缬图案在浙南地区颇为流行，这与当地看戏娱神的习俗有很大的关联。因此，印染戏曲相关的人物或故事图案纹样，印染在夹缬被面上也是顺理成章的事。这些戏文故事也赋予了浙南夹缬独特且浓郁的人文色彩。这些纹样上的戏曲图案，有的是讲述同一个戏曲故事，按照故事情节发展排列；有的则分别来自不同的戏曲故事，随意组合。该类型图案取材一般为戏曲、小说中出现的才子佳人或英雄美女形象，戏曲人物的特点是扮相较夸张、动作幅度较大、人物身份明显。人物背景大多比较简洁，一般为戏台、房屋等。

（三）百子图

这一题材在浙南夹缬图案中出现的数量是最多的。当地人将印有近百个儿童形象的夹缬被面称为百子被。人们用百子图案来表达吉祥、多子多福的寓意。百子被是当地民间嫁娶的必备之物，每条百子被面的16幅图案都印有6~8个童子，共计近百个。图4-14是来源于《中国蓝夹缬》的百子纹样，四童子两两相向。

图4-14 “百子纹样”（图片来源：《中国蓝夹缬》）

（四）现代人物图

现代人物图案出现在20世纪70年代前后，雕版艺人将当时的时代特色很好地融入夹缬花版之中，显示出浓郁的时代特征。该类图案中大多描绘炼钢铁、扭秧歌等场景，寓意工农大团结、工农团结一家亲。[69]图4-15为《大办农业》夹缬版图。

图4-15 《大办农业》（图片来源：《中国蓝夹缬》）

四、现代图案

（一）改装版图案

改装版图案出现于1967~1969年。为了适应这种情况，民间艺人在传统的缬版上雕刻了人头，并在旧的靛蓝版画上印出了现代生活中人物头像的新形象。图片中的人物头戴鸭舌帽或大斗笠，身上穿着古代人的衣服，形象诙谐（图4–16）。

图4–16　传统图案

（二）现代图案

现代图案出现在1969年至1971年，为瑞安市苏尚贴师傅所创，主要取材于现实生活，展现了特定时期的工农生活。每半幅图案都镌刻着两三个“工农兵”，一张床的被面上镌刻着几十个人物，隐含着“百子”的信息。辅图中点缀着稻穗、灯笼、小动物等吉祥小图，寓意人们对吉祥生活的期盼（图4–17）。

图4–17　现代图案

（三）混合型图案

1971年后，复古潮流开始出现，且在表现手法上刻古人与刻现代人物相比会更简单。使现代人穿古装、跳现代民族舞蹈等成为“古人”的写照。大多数图像是“说明性的”，模糊地显示场景，单个图像中没有运动或结构的暗示。这种图案一直延续到20世纪90年代，人物形象更加单一，不同的版式和图案之间的差异仅基于一个动作和辅图的变化（图4–18）。

图4–18　混合图案

五、图案意义

夹缬图案展现了古人的“立象以尽意”思维形式，在印染图案中清晰地表露出对客观事物的提取形式表现出一个复杂到简单的过程。在这一过程中，我们感受到了古代先民从图像到意象去认识世界的方法。夹缬的图案以宗法伦理价值观为核心，作为一种民间美术形式，又有其自身发展规律。艺术来源于生产，来源于劳动，图腾文化和民俗文化，这些都可以在夹缬的图案和色彩中找到。

（一）宗法伦理崇拜

随着唐代宗法伦理体制的发展，无论在物质上或是在精神上都有相应的视觉表达，这种现象在夹缬中也出现了。例如，蓝夹缬花布中出现的《白兔记》戏曲故事，其内容恰好反映出当时社会宗法的主流价值观。此外，夹缬还传递出广泛的情感基础和深层的伦理渴望。

（二）图腾崇拜

早在新石器时代我国的图腾文化就已产生，随着时代的变迁与发展，凤凰、麒麟等都逐渐成为人们将客观实在的事物通过主观能动性绘制出来的图案纹样。在唐代夹缬制品中随处可见凤鸟题材的图纹，展现了人们对自然的崇拜与对王朝的敬畏之情。

（三）民俗信仰

民族风俗反映民族特质和民族风貌，是民族历史上各种观念形态的综合表现。人们用靛青绘出图案形象来表达他们的精神寄托，被称为“吉祥之物”。比如民间传说中的“并蒂莲”是指百年好合、夫妻和睦；“绶带鸟”是指百岁长寿；“梅花鹿”是指加官晋爵、官员官禄延绵等。这些都是人们通过夹缬图纹来表达自己的精神寄托和美好祝愿。[70]

第五节　夹缬制作工具

一、染台

染坊是印染夹缬的主要场所和载体，其核心部位就是染台。染台由八个染缸（图4-19）组成。染缸主要是为了增加染液的体积，而尖底设计则是使残渣集中在底部，避免与布料直接接触，并有助于清除多余的沉淀物。印染台上的长方形框架主要用于印染时悬挂印染板的支架，防止屋顶灰尘落入染液中。它由四根立柱、两根横梁以及若干横杆构成；四个角用钢条焊接而成，其中两个角设有滑轮，用来悬挂布匹；另一个角也有滑轮，用以悬挂染色容器。

图4-19　染缸

图4-20　花版

二、花版

花版（图4-20）是印染工艺的主要工具，选用适宜的材料是制出质量优良雕版的关键。夹缬

雕版应质地细腻，易平整；木纹细密，木纹粗细一致；易吸水，软硬适中。一套花版的制作是比较复杂的事情。需要经过浸泡、修整、储存、刨光、再修整、打磨等过程，最后才能进行雕刻，这些步骤需前后历经数月时间才能完成，是耐心和技术的双重考验。

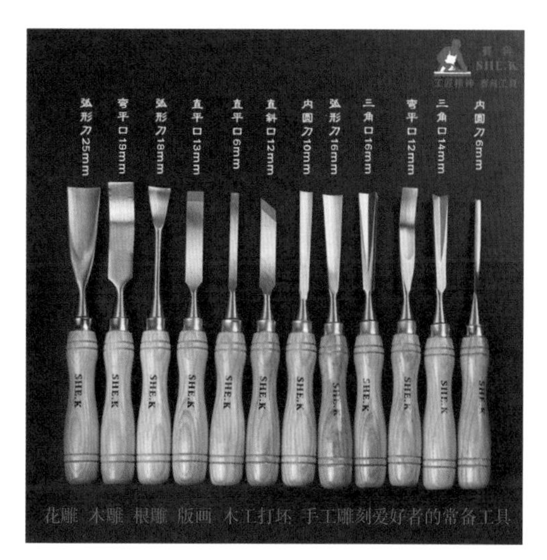

图4-21 雕花版工具

三、雕版工具

制作夹缬花版所需要的工具（图4-21），一类是“替粉本”时用到的刷帚、擦子等工具；另一类便是用来雕刻花版的工具，包括斜口刀、圆口刀等各种刀具，有数十种之多。由于每个艺人的雕刻技术和操作习惯不同，这些工具往往并不是固定的，且很大一部分是由艺人根据自己的使用习惯而自制的。[66]

第六节 夹缬制作技艺

夹缬以雕刻对称图案的木质夹板为工具，以民间土织白棉布为主要布料，以蓝草炼取的靛青为染料，印染技术性强，工艺流程周密而考究。

夹缬的制作工艺主要包括面料退浆、给面料做记号、装花版、染色、卸花版、晾晒、打磨等流程。

一、退浆

选择质量好的布料，用碱性水等助剂或热水浸泡后，再用清水冲洗干净。将厚实的面料踩在盆中，挤出所有的纱浆和棉脂，再冲洗干净晾干即可使用。经过脱浆处理的棉织物，在印染时，上色可以更加均匀。图4-22是在煮布，煮过的布会更容易上浆。

图4-22 煮布

二、面料做记号

在拼装花版时，用靛蓝颜色标记坯布。用手指和一把与花版一样长的直尺作为测量工具。在做记号时，首先在坯布的中心做一个不显眼的标记，然后做左右对称的记号。从中心向左右两侧截取7～8厘米（约4个手指宽），即相邻图案之间的距离，通常称为短布间。接着用直尺量取花版的长度并依次做记号，再重复一次短布间及花版长度记号，这样布的两端剩下的部分即为长布间，在这个长度上染色和切割后，得到四条带四个图案的四幅长条。卷起标记的布料以供后续使用（图4-23）。

图4-23　做过记号的布

三、装花版

夹缬技艺最大的特征就是夹。松开夹缬框架，将第一个单面花版放在铁架上，松开轧制的坯布，并将对折布边的边缘与花版的中心边缘对齐（图4-24），然后是第二个花版，需要与第一个对齐。再将第三块花版放到铁架上摊平铺匀，使其平整无皱褶。最后放入第四块花版，并以同样方法依次叠置起来，直到整个花版全部被压平为止。此时在布料边缘加上标记，重复放置坯布及花版。待完成后，将铁架盖在花版上，并用螺丝或木楔固定紧，防止染液渗入。为防止布料边缘在花版外堆积造成染色不均匀，可用竹片在铁架边缘上连上小钩，把布边逐一钩住，让边缘完全氧化，而不影响染液在花版内的流动，从而使花版中央的布料均匀染色。

图4-24　装花版

四、染色

将土布（要染色的面料过去一般称“土布”）举到染台上，用杠杆将印染板举高，使印染板与布料不重叠，然后将整套印染板浸入染缸。将夹缬布版横着放好，然后把打好结的绳子系在固定夹版的铁架中，并悬挂在竹杆的钩子上，然后，另一端抬起竹竿并把铁架连同花版一起放入染缸内，半小时左右取放一次。每次夹版取出时，要在木制的架上左右摇动让花版中心的染液从版孔中流出，让染色织物通过空气氧化还原，可以在保证花版外缘颜色的同时，里面也同时上色。图4-25即为染色时的状态。

图4-25 染色

五、卸花版

染色结束后，把布版组（夹缬版多层夹在一起）从染缸上移开，用清水冲洗布版组。拿一些吸收性物品，如棉花，将布版组水平放置在上面（有长布间的一头朝下）。然后把布版组放到水中浸泡一会儿再取出，反复几次即可完成。在浸泡过程中，要注意观察布版组是否会有浮色产生。待水干后，拆开夹缬的框架，卸版取布。

六、晾晒

把取下的布料放到流动的河水中不断冲洗，直至看不见染料的颜色漂出即可捞出。然后再找一块平地，将布料摊开晾干。这样就完成了染制的过程。[71]

七、打磨

图4-26 打磨石

把染好的布料平放在打磨石（图4-26）上打磨，使布料更平滑。

第七节　夹缬面料与染料

一、面料

白色土纺棉、丝绸是夹缬的主要面料，此外还有麻类、毛类面料。丝绸面料较薄，制作方法为注染显花。棉布较厚，吸水性好，但渗透性较差，需要浸染才能牢固着色。一般做一条夹缬花被面，要取长10米、宽50厘米的干净棉布。

土布指浙南地区的妇女自己在家织的坯布。随着棉花种植从闽南向江南地区的推进，以及黄道婆改革棉纺织技术的推广，元朝棉布逐渐取代麻布成为平民百姓的主要衣料。棉布的可染性要好于麻，甚至超过丝，因此，元代之后坯布原料逐渐由麻转变成棉。[72]

二、染料

印染夹缬的染料靛青（也叫靛蓝，分子式为$C_{16}H_{10}N_2O_2$）来源于蓝草，存在于蓝草的茎或叶中。在染料中，从蓝草中提取的靛青具有最好的色牢度，深受人们喜爱。根据考证，苍南印染夹缬的靛青是东汉时期就开始大面积人工栽培的马蓝叶的提取物。古时，夹缬常以彩色为主，而现今发现的唐代至明代时期套色夹缬使用的彩色染料主要为矿物染料，如朱砂、蓝铜、石黄等，还有植物染料，如石榴、洋葱等。明代以后在民间发现的夹缬都是用靛青浸染而成，与民间蜡缬、灰缬的靛蓝染料制作方式相同。图4-27是制成的靛青，图4-28是靛蓝结构式。

图4-27　制成的靛青（图片来源：湖北蓝染文化产业基地提供）

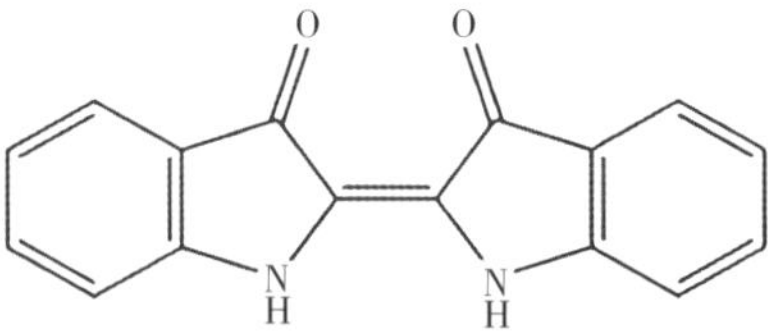

图4-28　靛蓝结构式

第八节　国家级非物质文化遗产——蓝夹缬技艺（浙江省温州市）

2011年5月，蓝夹缬技艺经中华人民共和国国务院批准列入第三批国家级非物质文化遗产名录，项目编号Ⅷ–192。

一、温州市简介

温州，简称“瓯”。位于中国华东地区，东部濒东海，南部毗福建省，西北部与丽水相连，东北部与台州接壤。温州的历史十分悠久，有丰富的文化遗存，具有深厚的文化底蕴和独特的价值。该地区非物质文化遗产资源十分丰富（图4–29）。

图4–29　温州市采成蓝夹缬博物馆

二、温州蓝夹缬技艺的发展概况

夹缬起源于秦汉时期，繁荣于唐宋时期。根据史料记载，唐明皇曾将其作为国礼赠送给各国遣唐使者。到元明时期，夹缬的颜色逐渐转向统一的蓝色。随着历史的变迁，蓝夹缬技艺最后在浙南地区保存流传，以温州为中心，向其他接壤的部分地区延伸。

三、温州蓝夹缬技艺传承人

（一）钱云汤

钱云汤，第四批浙江省级非物质文化遗产项目代表性传承人。他15岁开始跟父亲学习蓝夹缬技艺，28岁时开始独立操作，40岁他凭着自己的手艺在家乡积累了一定的名气，近几年来，在乐清市政府和南苑蓝夹缬技艺研究所的帮助下，钱云汤不仅自己大面积种植靛草，还乐于帮助大家处理靛草，致力于家乡发展和建设。

（二）王河生

王河生18岁进入工厂，跟随厂里的老师傅们学习靛青炼制和蓝夹缬制作技艺。在之后的35年中，王河生一直从事与洗染、印染相关的工作，并用10年时间进行国内外相关技术的调研。经过不断的钻研，王河生取得了突破性的成果。他重返故乡，创办了靛青合作社，在传承蓝夹缬技艺的同时带领乡亲们共同致富（图4–30）。

图4–30　王河生作品《绀地树花双鸟鸳鸯图》复原图

（三）黄其良

温州夹缬的雕版大部分采购自瑞安的苏家，苏氏祖传的雕版技术到今天只剩下苏家的女婿黄其良在坚守。黄其良15岁跟随蓝夹缬型版雕刻名匠苏尚贴学习，后独立从事夹缬雕版制作。随着黄其良的技艺不断精进，水平不断提高，他开始创作新的纹样，使纹样更富有时代特色。近十几年来，黄其良雕刻了几十幅雕版。2011年6月，蓝夹缬技艺被列入第三批国家级非物质文化遗产代表性项目名录，黄其良被评为温州市蓝夹缬技艺省级代表性传承人，并招收2名弟子，推动技艺传承（图4–31）。

图4–31　黄其良作品

思考题

1. 简要概述中国传统夹缬的制作工艺及流程。
2. 谈一谈夹缬雕版制作与染色的要点。

第五章

中国传统染缬——灰缬（蓝印花布）

第一节　灰缬的定义与起源

一、灰缬的定义

灰缬是中国传统印染工艺之一，采用植物蓝草作为染料，并利用黄豆粉和石灰粉作为防染剂。该工艺以刻纸为版，通过滤浆漏印形成传统印花工艺。灰缬印制面料俗称“蓝印花布”“药斑布”“麻花布”“型染”等，[73]在我国古代深受民众的喜爱。灰缬是我国人民智慧的结晶，其流传范围广阔、历史渊源深厚、文化内涵独特，令人叹服，以朴拙、古雅的蓝白之美闻名于世（图5–1）。

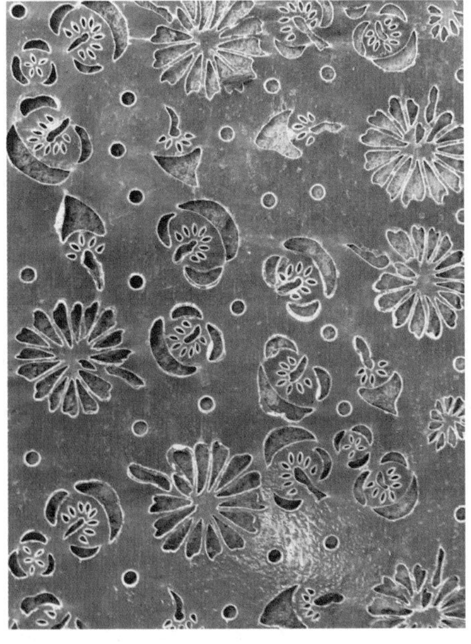

图5-1　蓝印花布（图片来源：湘西蓝印花布调研拍摄）

二、灰缬的起源

灰缬工艺的起源具有多元性的特点，融合了不同手工艺如剪纸艺术、染缬工艺、拓本印刷工序等多种工艺制作手法。灰缬的花版制作受剪纸艺术的启发，与剪纸艺术在造型上有极为相似之处。首先，灰缬的蓝底白花和白底蓝花花版类似于剪纸中的阴刻和阳刻；其次，灰缬花版与剪纸的原料都是纸。二者的不同之处，灰缬的花版是用多层坚韧粗厚的绵纸进行雕刻，然后刷一层熟桐油制作而成。[74]

灰缬的发展与中国古代三大染缬中蜡缬、夹缬、绞缬的技术有千丝万缕的关联。首先，中国古代的蜡缬、夹缬工艺最初使用的花版均有镂板

夹持，它们都对灰缬的花版制作起到技术积累的作用。其次，中国古代蜡缬、夹缬、绞缬工艺根据的浸染时间、氧化时间、固色方法都会对灰缬的印染起到启发作用。[74]

第二节 灰缬地域分布

灰缬技艺广泛流行于湖南、江苏、山东、湖北、浙江等地，在河南、河北、四川、陕西、山西等部分地区也可见其身影。因地域各异，不同地区的蓝印花布融入了当地的风俗民情，因而形成了各自特有的艺术风格。湖南地区蓝印花布结构严谨、浑厚朴实；江苏地区蓝印花布纹饰精巧、线条顺畅；山东地区蓝印花布质朴粗犷、色彩明亮；湖北地区蓝印花布大方雅致、亲切自然。

一、湖南邵阳蓝印花布

2008年，邵阳蓝印花布入选第二批国家级非物质文化遗产名录，编号Ⅷ-24，代表性传承人有蒋良寿等。

邵阳地区是梅山文化的中心，历史上曾长期是苗族、瑶族等少数民族的聚居区。宋开梅山以后，梅山原始文化与汉文化融合，文化形态变得多元杂糅，因此邵阳地区蓝印花布独具民族特色，蕴含丰富的艺术价值。[75]

邵阳灰缬在民间又被称为“豆浆布”，据《宝庆府志》和《邵阳县志》记载：唐代贞观年间，邵阳境内棉纺织业十分繁荣，邵阳人在苗族、瑶族蜡染的基础上，首创以豆浆、石灰代蜡染的印染法。至明清时期，邵阳灰缬已成为华南乃至西南地区最大的灰缬工艺品生产、印染、销售的中心。[75]

邵阳蓝印花布的题材和内容主要来源于民间传说、自然环境、风俗民情。俗话说“一方水土养一方人”，邵阳丰富的自然资源也为邵阳蓝印花布纹样提供了许多素材。邵阳蓝印花布纹样在表现形式上，结合了邵阳当地的民俗风情和人们心中对美好生活、神话传说的感悟，当地人用夸张、写意的纹样形式来表达自己内心对幸福、自由及对生活的热情与追求。[75]图5-2是邵阳蓝印花布花版。

邵阳蓝印花布图案主要题材分为人物纹样、动物纹样、吉祥图案三大类。人物纹样（图5-3）在蓝印花布题材中占有相当大的比重，表现内容主要为两个方面：一是反映劳动群体的生产活动和社会活动，如男耕女织、福禄寿喜，娶亲贺寿等；二是戏剧故事中的英雄人物和民间传说中的才子佳人等。动物纹样（图5-4）主要表现自然界的猛禽走兽以及和人民群众生活息息相关的家禽家畜，还有具有美好寓意和象征性的图腾。吉祥图案（图5-5）是一种流传久远的民间传承艺术形式，具有高度的概括性以及优美的造型和结构。吉祥图案反映了劳动人民对于幸福生活的渴望、追求和理想，在一定程度上对人民群众创造美好的生活起到了积极作用。

图5-2　邵阳蓝印花布花版（图片来源：传承人赵顺艳提供）

图5-3　人物纹样（图片来源：传承人赵顺艳提供）

图5-4　动物纹样（图片来源：传承人赵顺艳提供）

图5-5　吉祥图案（图片来源：传承人赵顺艳提供）

二、湘西凤凰蓝印花布

2008年6月，湖南省凤凰县申报的蓝印花布印染技艺入选第二批国家级非物质文化遗产名录，编号Ⅷ–24，代表性传承人有刘大炮、刘新建等。

湘西凤凰蓝印花布具有浓厚湘西韵味，是湖南湘西地区的一大特色图案纹样有传统与现代题材之分，承载民间劳动人民古朴、素雅的情怀。其发展较久远，是古代人民劳动实践智慧的结晶。

湘西凤凰蓝印花布的题材内容分为传统题材与现代题材。在传统题材中，动物和植物题材寓意深刻，民间最为常见。现代题材主要有动植物、人物、文字等，在现代题材中以人物、文字为内容的蓝印花布比比皆是，与原有的传统题材近乎相似，但又存在差异，现代题材是在传统题材的基础上进一步改进、创新。[76]图5–6是作者在2017年长江非遗大展现场调研拍摄到的湘西凤凰蓝印花布。

图5–6　湘西凤凰蓝印花布（图片来源：2017年作者长江非遗大展现场调研拍摄）

湘西凤凰蓝印花布采用纯天然植物提炼的靛蓝染料和最古老的镂空花版印染工艺制作而成，其技艺流程复杂，制作过程包含裱纸、描稿、刻版、上油、调料、刮浆、入染、晾晒、淌洗、卷布、碾布等多项过程。种类有纯蓝花布印染和彩蓝花布印染两种。前者布面素净，无花纹图案，一般用于衣服、头帕的布料；后者花纹图案丰富，构思精巧，品质高贵上乘，一般用于被面、垫单、帐檐、巴裙、围腰、门帘、桌布、围布等，是艺术欣赏、收藏及研究的佳品。近年来，凤凰县非常重视蓝印花布印染技艺项目的保护工作，在刘氏蓝印花布制作作坊基础上，专门挂牌成立了蓝印花布传习所，多次开展收徒培训，培养出2名国家级传承人，1名县级传承人。在对外宣传方面，多次接待来自全国各地美术院校的专家、学者和上级文化部门领导的调研考察，并陆续参加了山东、北京、上海等地的非遗展，获得领导和群众的好评。2021年暑期社会实践，作者带领团队来到湘西凤凰县调研蓝印花布，与凤凰蓝印花布传承人刘新建进行交流（图5–7）。

图5-7　笔者带领团队调研湘西凤凰蓝印花布（图片来源：湘西蓝印花布调研拍摄）

三、南通蓝印花布印染技艺

（一）背景介绍

2006年5月，南通蓝印花布印染技艺经国务院批准列入第一批国家级非物质文化遗产名录，编号Ⅷ-24，代表性传承人有吴元新等。

南通独特的地理环境，深厚的文化底蕴，南北交融的民俗风情，使南通蓝印花布在发展传播的过程中形成了其特有的艺术风格。蓝印花布制成的包袱布、被面、帐檐等用品与民间百姓婚丧寿庆的民俗有着密切的联系。据说，以前在南通有一个习俗是新人结婚用的被褥、床单、枕头等用品皆用蓝印花布（图5-8），新人身体上会留下蓝印花布的蓝，这也被他们认为是吉祥的代表。

图5-8　南通蓝印花布床单、被褥、枕头等（图片来源：南通蓝印花布博物馆调研拍摄）

（二）图案特征

南通蓝印花布图案最大的特点就是构图饱满，但是不会给人以拥挤的感觉。这种求全、求满的构图形式和理念不仅是民众思维的反映，同样也是大众生活观念的一种体现。南通蓝印花布在有限的色彩中，力求造型手法多样、形式丰富，并采用拟人、比喻、夸张等多种艺术手法，借用谐音、象征、喻义等传统吉祥纹样是常用手法，表达出百姓对民间文化艺术的

特有需求。纹样由各种人物、动物、花卉组成民间吉祥如意的民俗意象，烙上当地民俗风情，成为民间印染纹样最富有构成艺术的表现形式。[77]

南通蓝印花布具有内涵丰富、沉稳内敛的特点，在民俗风情中既是生活用品和装饰品的材料，也是人们表达情感的载体。南通百姓通过其图形符号的文化隐喻，表达出了对于美好生活的愿望和生殖繁衍的崇尚。其图形符号蕴藏着深厚的中国哲学思想和农耕文化内涵。图5-9是南通蓝印花布“和合二仙”纹样。“和合二仙”又称为“和合二圣”是中国传统典型的象征寓意形象，表达了人们希望家庭和睦、夫妻和合的美好愿望。在现代社会，“和合二仙”又被赋予了新的象征意义，不仅是和合文化的象征，也是和谐社会的象征，更是和平世界的象征。

南通蓝印花布常运用概括、夸张、变形等艺术表现手法，构图方式丰富多变，图案采用点、线的表现手法构成点线形态，点的形状有大混点、小混点、胡椒点、介字点、梅花点、垂叶点和横点等，线段的形状有圆形、扇形、三角形、方形、线段形、有机形和不规则形等。南通蓝印花布的点线形状之所以如此丰富，完全要归因于纸版镂刻工艺的限制，纸版镂刻表现手法决定了其表达不能过于细腻，南通蓝印花布艺人只能在点和线的图案上做文章，不断丰富点、线的形状，使点线的表达与图案自然融合成一体。

自2018年开始纺大染语工作室与南通蓝印花布博物馆、南通大学非遗研培班联合培养蓝印花布设计人才，从理论到实践深入学习博大精深的蓝染文化。截至目前，已经有5名研究生进行过对接培养，其中1名还参与了国家艺术基金人才培养项目（图5-10）。2021年4月19日工作室成员吴惟曦通过层层选拔参与南通大学文旅部、教育部、人社部中国非物质文化遗产传承人群研培计划（图5-11）。此次培训计划属于国家级研培项目，在全国遴选20名从事传统印染文化研究的学员进行为期一个月的培训。在学习中，吴惟曦深入南通地区学习国家级非遗南通蓝印花布文化与技艺，提升学术理论研究水平，运用荆楚文化元素为蓝染

图5-9　南通蓝印花布“和合二仙”（图片来源：南通蓝印花布博物馆调研拍摄）

图5-10　国家艺术基金2019人才培养项目——《南通蓝印花布创意设计人才培养》合照（图片来源：《南通蓝印花布创意设计人才培养》国家艺术基金主办方提供）

图5-11　2021年工作室成员吴惟曦参加南通蓝印花布印染技艺研培班（图片来源：吴惟曦提供）

设计作品注入新的活力。

2019年，由文化和旅游部、教育部、人社部组织的中国非物质文化遗产传承人群研修研培计划——南通大学第五期传统印染技艺培训班在南通大学举行开班典礼。武汉纺织大学服装学院研究生董宇飞经过严格筛选成为湖北地区唯一一名参加此次研培的学员，图5-12是董宇飞与吴元新老师的合影，图5-13是董宇飞结合荆楚元素设计制作的蓝印花布作品。研培课程分为两部分，第一部分为集中讲座学习，每一位学识渊博的专家进行的讲座分享都是一次难得的学习机会。按照文旅部提出的“强基础、拓眼界、增学养”的要求，本次培训班邀请清华大学美术学院、中央美术学院等多所高校的专家教授组成授课团队为学员授课，并邀请中国工艺美术大师、优秀非遗传承人与学员进行面对面交流和探讨，培养学员对艺术的思考和理解；理论培训与实践培训相结合，真正做到了因人因事施教，使每一位学员都取得了阶段性成果。第二部分是动手实操，制作蓝印花布的基本过程包括刻版、磨版、上桐油、

图5-12　董宇飞与吴元新老师合影（图片来源：董宇飞提供）

图5-13　董宇飞设计的蓝印花布作品（图片来源：董宇飞提供）

刮浆、染色等步骤，每一步都在吴老师和相关辅导人员耐心地指导下学员全手工完成。图5-14是团队成员在南通蓝印花布博物馆拍摄到的旧花版和蓝印花布作品《清明上河图》。

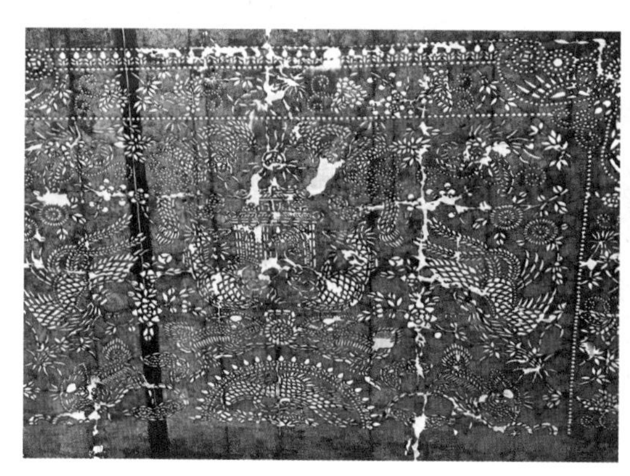

图5-14 南通蓝印花布花版（图片来源：南通蓝印花布博物馆调研拍摄）

四、山东蓝印花布

2014年，山东蓝印花布入选山东省第四批省级非物质文化遗产名录编号Ⅷ-24，代表性传承人有相汉高等。

山东地区民间蓝印花布又称“猫蹄花布”“花点子”，不仅是齐鲁百姓的日常生活用品，还是独具当地特色的民间艺术品，具有鲜明的地方特色。[78]山东地区蓝印花布的艺术价值及其文化内涵体现于民间工艺和吉祥纹样的制作中，是农耕时代生产生活的结晶，表现了人们对美好生活的愿景。

除了一些象征富贵吉祥、多子多福等较为常见的题材，山东蓝印花布还有各类被抽象化的果蔬类和面食类题材，如皮球花（图5-15）、烧饼花（图5-16）、韭菜花、白菜花、甜瓜花等，具有浓郁的地方生活气息。这与别的地方的蓝印花布题材稍有不同。此外，山东地区蓝印花布很少采用人物形象，这是因为当地人担心在缝制花布产品时产生首脚倒置、身体部位分离等不吉利的现象。[79]

由于面积大和复杂的纹样需要更多的原料，山东地区蓝印花布在发展早期更乐于接受简练的纹样，粗犷、舒朗的风格，这也是山东地区民风民俗的体现。山东地区蓝印花布在刻版时多用铳子直接铳出点状花纹，所以刀味浓、笔味淡，纹样多由几何原点构成，由此也产生了花纹线条细、镂空小、间距大的特点，使花纹呈现出粗犷的色彩效果，这也和北方人豪放的性格相吻合。[79]

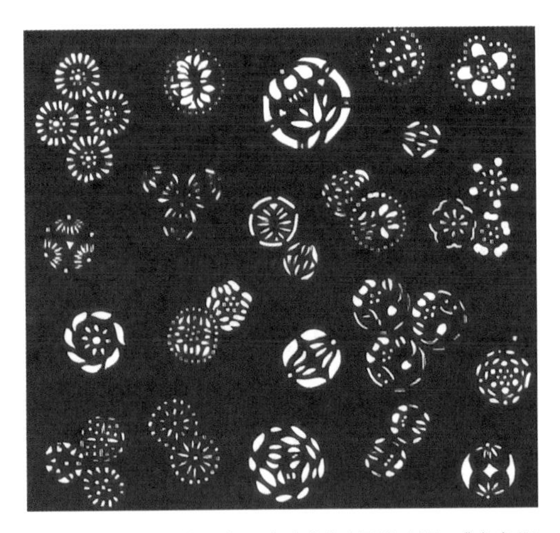

图5-15　山东蓝印花布“皮球花”（图片来源：《齐鲁服饰文化研究》）

图5-16　山东蓝印花布“烧饼花”（图片来源：《齐鲁服饰文化研究》）

齐鲁民间蓝印花布题材内容丰富，制作形式多变，具有鲜明特色。

（1）造型结构严谨、精细，纹样豪放、质朴，表现为蓝底白花，形成了蓝色面积大、白色面积小的视觉风格。以蓝底白花中的点、线为主，一般采用连续或单独纹样在给定的空间按照平均法构成纹样进行定位设计，在纹样题材和内容上，一般以植物小花卉和动物纹样为主，也有简洁的几何图形。

（2）山东蓝印花布为手工刻版印花，多为一块花版，花版镂空面积相对较小，使用寿命较长。

（3）山东蓝印花布材料选用自然，多以自纺棉麻原白布，染料主要是从蓝草植物中提取，防染剂以豆面、石灰、白矾、鸡蛋或中药调和而成。

（4）加工工艺讲究精细，主要沿用煮染法和靛青法，一般经过大缸洗染色、大锅煮等十几道工序制作完成。尤其在制版过程中，对防水耐用、浸油时间、制版材质都仔细考究；在面料染色过程中，根据不同气候变化，调整下缸和氧化的时间，对每块蓝印花布至少进行多次染色反复重染。

（5）图必有意，意必吉祥，表达了齐鲁劳动人民朴素的审美情趣和对美好生活的向往。[80]

五、天门蓝印花布印染技艺

2011年，天门蓝印花布印染技艺入选第三批湖北省级非物质文化遗产名录，编号Ⅷ-38，代表性传承人有孙蒲庆等。

（一）天门蓝印花布发展概况

天门源远流长的历史文化、温和的自然环境、充足的原料供给、繁荣的手工业以及发达的商品贸易，促进了该地区蓝印花布在一定时期内的发展。从明朝开始，天门蓝印花布行销京、沪、赣、湘、陕、豫等地。20世纪七八十年代，天门蓝印花布作为湖北省重要的出口产品，由外贸部门组织生产出口（图5-17）。

图5-17 天门蓝印花布（图片来源：武汉纺织大学荆楚纺织非遗馆印染展区）

天门蓝印花布是随着天门本地棉花的栽植和各地棉纺织业的兴盛而发展起来的，久负盛名。早在明朝，植棉业的兴盛，带动地方棉纺织和传统印染技艺的繁荣，当时民间广种蓝草，为制作蓝印花布就地提供了染料原材料。因此，当时棉花、棉布、蓝印花布就已成为天门地区的主要特产和重要商贸产品。

1.萌芽期

清道光元年（1821年），天门县城有郭复兴、刘茂盛、唐茂盛等作坊生产蓝印花布。后来岳家口、干镇驿、皂市、渔薪河、横林口等地也相继兴起印染业。[81]1894年可常见居民在岳口镇的堤坝上晒蓝印花布。

2.兴盛期

天门蓝印花布发展的兴盛时期是清末和民国，当时远近闻名的印染作坊一条街就在县城官路街。1938年，全县印染作坊发展到100多家，年产天门蓝印花布的数量达760万多万匹。中华人民共和国成立前，天门城区开设了近百家染坊，而官渡巷（旧时称为“官路上”）在清末便有六七家染坊，其中规模较大的一家就是肖望林祖辈开办的“肖鸿发”染坊。自1949年后，天门蓝印花布的生产模式从家庭作坊转为集体经营模式，誉满天下；1956年，湖北天门蓝印花布在日本、英国、法国等国巡回展出，被誉为是“优秀的中国特色手工艺品”；1959年天门蓝印花布被送往北京放在展览馆陈列；1964年曾作为展品在世界博览会中展出；1978年，天门县（今天门市）工艺美术品工业公司成立后，重视蓝印花布创新设计和扩大生产，其产品由外贸部门组织出口，并于1979年作品获得湖北省工艺美术展一等奖；1989年，天门蓝印花布入选全国首届民间工艺美术佳品作品展；1998年，蓝印花布《蛟龙起舞》《事事如意》《松鹤常青》等作品荣获湖北省第二轻工局“1998年湖北工艺美术精品展”银奖。

3.衰落期

20世纪60年代起，由于工业的发展，原材料染料的短缺，导致天门蓝印花布的产量一年比一年少。1984年，蓝印花布因土靛缺乏和销路不畅而停止生产。20世纪80年代末，因为纺织工业的发展，手织布逐步被机织布所替代。民间手纺手织规模每况愈下，土布生产面临濒危的地步。随着机印和工业染料的大力发展、原材料的短缺以及制作成本的提高，天门蓝印花布的产量逐年减少，当地老百姓加工蓝印花布已基本停止，印染厂的生产寄托在外贸出口上，蓝印花布的销售也越来越少，天门蓝印花布产品由于缺乏创新以及越来越少的人从事这项行业，导致产品没有销量，最后很多天门蓝印花布厂接连停产。

（二）天门蓝印花布的地域特色和艺术风格

天门蓝印花布历经历史发展轨迹的洗礼，形成了较为鲜明的地域特色和艺术风格，这与天门的文化背景、风俗习惯、手工艺人的审美水平、风格表达方式密切相关。虽说中国蓝印花布设计风格主要以江浙地区为代表，但是天门蓝印花布因为风格迥异、大面积的感官效果与题材表现（且纹样题材重点以楚凤元素居多），让人一眼便知。天门蓝印花布纹样取材相当广泛，区别于江浙蓝印花布的温柔恬静、朴素雅致，更多的是清新明快，乡土气息浓郁。纹样大多来自百姓生活或自然形态，寓意美好且祈福辟邪，既是老百姓的生活装饰品也是精神寄托产品。常见的纹样题材有以回纹、云雷纹、云纹、弦纹、涡纹、菱形纹等几何纹样；以“福”“禄”“寿”“喜”等吉祥字为主的文字纹样；以鱼纹、鸡纹、龙纹、凤纹、鹿纹为主的动物纹样；以各种花、果、茎、叶为代表的植物纹样；还有以讲述民间传说和神话故事为主的人物纹样以及一些器皿纹样等。[82]

天门蓝印花布植物纹样的构图形式注重纹样之间的衔接、整体的画面比例以及形式美感，整体造型主次分明，结构严谨。点线面的合理搭配和疏密变化很好地诠释了变化与统一、条理与反复、对称与平衡、对比与协调、节奏与韵律等形式美法则。经总结，笔者发现大致可以分为藻井式构图、发散式构图、单独式构图、重复式构图、对称式构图、环绕式构图等形式如图5-18所示。

1.藻井式构图

藻井式构图源于我国传统建筑的立体装饰，呈向上隆起的井状，常由方形、圆形或多边形构成，周围环绕花纹雕刻或者彩绘装饰。天门蓝印花布中的藻井式结构由立体转化为平

面后常呈现“方中套圆”“圆中见方”的形式，通常由主题纹样、中心纹样、边饰纹样、角隅纹样和框外装饰纹样等几部分组成，在被面、包袱布以及床单等大面积物件上呈“四菜一汤”的样式。图5-18的植物纹样藻井式构图，整个画面从内向外依次由圆、圆、方、方的纹样组成，中间由蝙蝠围绕一圈作为主题纹样，寓意吉祥幸福，再往外由一圈花卉图案围绕成一个方形，最外圈围绕四只蝴蝶作为角隅纹样，追求对称与均衡，并用花卉图案作为外框装饰纹样相连接。整体造型方圆搭配，方中见圆，圆圆满满中有一种和谐之美。

（a）藻井式构图　（b）发散式构图　（c）单独式构图

（d）重复式构图　（e）对称构图　（f）环绕式构图

图5-18　植物纹样的构图形成（图片来源：笔者于2018年在天门市非物质文化遗产研究中心调研拍摄）

2.发散式构图

发散式构图主要规律是，当想要在画面中展示很多元素时，为了避免混乱感，就以主要元素按照一定规律从中心向四周发散，这样不仅使元素与元素之间变得井然有序，还会使画面更具有视觉冲击力以及聚焦的效果。图5-18的植物纹样发散式构图，由中心的小菱形逐渐向四周呈放射状散开，同时菱形图案不断变大，加之用圆形表示花蕊，共同组成一个菊花纹样，形成较强的视觉冲击效果。

3.单独式构图

单独式构图是指纹样的单独使用。可以单独运用的装饰纹样是没有轮廓限制的，制作相对简单，可以均衡对称也可以任意发挥。天门蓝印花布植物纹样中的单独纹样既可以单独使用，又可以重复使用构成连续式纹样单位。如图5-18中的单独式构图，以莲花作为单独纹样，构图自由、完整，比例协调，构图面积较大，不受空间约束，与金鱼搭配组成“金鱼戏莲”的主题，表达了人们期望日子丰足美满，财运滚滚。

4.重复式构图

重复式构图是指纹样在画面中重复出现，可以是一个纹样的重复，也可以几个纹样为一组呈多次循环往复。重复纹样自由存在，可以作为主体纹样，也可以作为画面中的一小部分，有较强的连续性和统一性，纹样既可交叉也可重叠，其占据面积较大。图5-18中的重复式构图，边框装饰纹样以两个不同的花型为一个单位重复排列构成，在杂乱无章的整体纹样中显得井然有序，增强视觉惯性，韵律感极强。

5.对称式构图

对称式构图就是在画面中以某条中心线为对称轴呈上下、左右、斜向、正反对称四种形式，从而形成画面的美感。图5-18中的对称式构图，展示了植物纹样结构及排列呈上下对称、左右对称、斜向对称和正反对称的形式，结构丰满严谨，横平竖直的构图方式给人一种四平八稳的稳定感。

6.环绕式构图

环绕式构图是指纹样按照顺时针或逆时针的方向，以某个物体为中心，构成弯曲或者圆形的边界。图5-18中的环绕式构图，果实纹样为重复的方式，顺时针围绕在中心纹样周围，并形成反向对称，产生旋转的动感，体现了生生不息的主题。

（三）天门蓝印花布植物纹样的象征意义

中国传统纹样的类别众多，植物纹样作为最为广泛的一种，穿插在历朝历代的民族服饰中，是时代的印记也是人类精神文明的结晶。中国人善于借助美好的事物来传达吉祥如意的心愿，所以纹样艺术也不例外。“吉祥”一词源自《庄子·人间世》：“瞻彼阕者，虚室生白，吉祥止止。”[83]由此可见中国民间的吉祥观念出现尚早。天门蓝印花布中的植物纹样是从传统图案中传承下来的，其吉祥如意的纹样内涵符合当地民俗，充分代表了人民的精神生活与审美情趣。

纹样象征是指通过一些具象的花果草木本身的特征或性质来表达抽象的吉祥寓意。象征的手法使传统纹样的内在价值与外在表现合二为一，是最常见的表达方式。

在天门蓝印花布中有象征之意的植物纹样很多。作为花中“四君子”的梅、兰、竹、菊常被拟人化，梅的坚韧不拔、兰的幽芳高洁、菊的傲然不屈、竹的刚正不阿都体现了人们对“四君子”理想的寄托和人格的追求；梅的五片花瓣也常被比喻“梅开五福”，五福分别指的是：寿、富、康宁、好德、善终；作为“花中之王”的牡丹国色天香、雍容华贵，常被认为是吉祥富贵的象征。北宋《宣和画谱》花鸟叙论中也有“花之于牡丹芍药，禽之于鸾凤孔翠

必使之富贵”[84]；石榴、佛手、桃子多组成“三多”题材，象征多子、多福、多寿；石榴籽多，所以有多子的含义，其他果实纹样还有莲蓬、瓜瓞象征子孙满堂；桃子是王母娘娘的蟠桃，是寿宴上用来祝寿的寿桃，三千年一熟，有长寿之意。用来象征长寿的还有万寿藤、松等，现如今在寿宴上还流行“寿比南山不老松”的说法。

同音借喻体现了中华文字的博大精深，在天门蓝印花布植物纹样中，有很多把同音但不同意的事物直接用来比喻另一个事物。以物喻物可以表达人们对美好生活的期盼。比如莲花纹的“莲”与“连”同音，所以莲花与莲子的题材常被借喻成“连生贵子”；因为莲花也是荷花，所以“荷”也被誉为和睦的“和”，或者合家欢的“合”；“梅”与“眉”同音，所以梅花与喜鹊搭配就是“喜上眉梢”；“桂花”同音“贵”，与其他花纹搭配可意为富贵荣华。诸如此类的寓意图案还有很多。

谐音隐喻是利用汉字近音的特点来以物喻物，充分体现了老百姓的奇思妙想以及对幸福的渴望和理想生活的追求，通过吉祥如意、纳福消灾的题材能获得心灵上的慰藉。如在天门蓝印花布植物纹样中通常用葫芦代表“福禄”，寓意幸福与爵禄，如《诗・大雅・凫鹥》中：“公尸燕饮，福禄来成。”芙蓉花中“芙”谐音“富”，而“蓉”谐音“荣”，取富贵荣华之意。佛手谐音“福”，寓意多福。菊谐音“吉”，与花瓶搭配就是“吉庆升平”。

六、桐乡蓝印花布

2014年7月16日，浙江省桐乡市蓝印花布印染技艺入选第四批国家级非物质文化遗产名录，编号Ⅷ–24，代表性传承人有哀警卫等。

桐乡市地处杭嘉湖平原腹地，加之京杭大运河流经此地，使得两岸土地肥沃、物产丰富、气候宜人，很适合染织业的发展。随着历史的发展和文化的交融，当时，宋末元初著名棉纺织家黄道婆将其在海南黎族学习的先进棉纺织技术带回乌泥泾，并在乌泥泾和松江地区向周围传播技术，这对长江流域的棉花种植业以及桐乡棉纺织业的快速发展起了重要作用，不仅带动了当地的经济繁荣，也让桐乡的蓝印花布印染技艺得到迅猛发展。[85]

桐乡民间蓝印花布纹样深受中国传统观念和江南地域文化的长久影响，除了具有与中国其他地区基本一致的题材内容和造型形式之外，还有着明显的地域审美特征（图5–19）。在题材内容上，桐乡民间蓝印花布大部分为流传于民间的吉祥纹样，例如，用动物、植物、人物等图案组成吉祥纹样，表现出生殖与生命、长寿与幸福、爱情与节庆等丰富内容。此外，以船、亭、小桥、垂柳、绣球、铜钱等题材表达极富浓郁的江南地域生活气息，这在北方民间蓝印花布纹样中极为少见。[86]

图5-19　桐乡蓝印花布（图片来源：中国美术学院民艺博物馆展）

七、安溪蓝印花布

2005年10月，安溪蓝印花布经福建省人民政府批准列入福建省第一批省级非物质文化遗产代表性项目名录，编号Ⅷ-71，代表性传承人黄炯然。

安溪蓝印花布也叫靛蓝布。棉花是安溪的主要经济作物之一，安溪的妇女非常擅长编织，随着种棉、织布的兴起，乡镇中的染布作坊应运而生。蓝印花布是棉布的一种加工工艺，其形成和发展与种植业、织布业的发展是分不开的。当时，安溪大部分村庄（如蓝田乡、长坑乡、湖头镇、尚卿乡等）都有蓝印花布作坊，能加工染制黑、蓝、水蓝、墨紫、雪紫等颜色。清朝乾隆年间出版的《安溪县志》载："蓝靛，即所谓采蓝。有大蓝、小蓝，俗名菁。以蓝草滩水数日，去稿。投灰以收其色，用于染丝。"这段工艺记载充分说明安溪人很早就掌握了染印技术。[87]

图5-20　安溪蓝印花布

安溪民间蓝印花布图案的题材来自民间，反映出劳动人民朴素健康的审美趣味，散发着乡土气息，色调单纯、清新典雅，每幅图案纹样都聚积着人民的聪明与智慧（图5-20）。民间艺人通过巧妙的构思，把常见的花卉、动物、山水、人物、几何形体等经过提炼、简化，

组合成寓意吉祥的图案。[88]常见的纹样包括鲤鱼和荷花的组合图案，使人产生象征性的联想，是一种吉祥的隐喻；还有“借与比”的技法，如“和合二仙”“马谷仙手”，这些具有吉祥内涵的传统图案，以细致的雕刻技巧生动地呈现在面料上，表达了安溪人对美好生活的向往。[87]

八、安徽蓝印花布

2017年，砀山兰花印染技艺入选安徽省第五批省级非物质文化遗产代表性项目名录，编号Ⅷ-103，代表性传承人胡正申。

砀山兰花印染制作技艺以当地手工纺织的白棉粗布为面料，用当地植物蓝靛为染料，携雕印花刻板，石灰粉加一定比例的黄豆面做防染浆，用水和成糊状涂在花版上，漏附于白布上，取下花版，让糊状物干燥附牢，投于蓝靛的染缸中浸泡、染色，然后取出、晒干，再把防染浆用刀刮掉。凡是有防染浆覆盖的地方呈现白色，无防染浆覆盖的地方则呈蓝色。最后放入水中清洗，这样经过二十道工序而制成蓝白分明、鲜艳夺目的蓝印花布。其所生产的花布产品主要有窗帘、桌布、围裙、被面、旗袍、唐装、小儿肚兜、抱枕等，常见图案有“吉庆有余”“鲤鱼跳龙门”“二龙戏珠”“凤凰牡丹”“蝶恋花”等500余种。

砀山蓝印花布方式多样，题材丰富，充满着丰富的民间文化内涵，其表现形式有象征、寓意、谐音。象征，即根据某些花果草木或动物的生态、形态、色彩、功用等特点，来表现一种特定的思想内涵。如桃子代表的是福寿，莲花代表多子多福。寓意，即寄托或蕴含的主旨或意义，在砀山蓝印花布的纹样题材上，如“龙凤牡丹”，便寄托了一种吉祥的愿望。谐音，即谐音字也多用来寓意吉祥如意。在砀山蓝印花布纹样中，也常出现中国传统文化中特定的吉祥符号，如云纹、回纹、万字纹等，这些象征生命回环、绵延不息寓意的吉祥纹样，既被用作布料的边饰纹样，起到了一定的美化作用，又表达着劳动人民希望其可以驱邪避灾、镇守纳吉，所以在民间被广泛应用，不断地传承。[89]

在砀山蓝印花布的纹样结构中，也有遵循对称与均衡的美学法则，构图丰富饱满，富有韵律，在较为复杂的图案纹样上，层次分明。砀山蓝印花布，图案朴素，韵律稳重内敛，工艺精良，同时艺术装饰性强，具有独特的美感。砀山蓝印花布造型工艺，在制作形式上多用铳点、刻线、刻面的艺术手法。其构图种类可分为两种，一种采用二方和四方连续及单独纹样组合成的图案，另一种采用框式结构与中心纹样结合形式组合的独幅图案。砀山蓝印花布图案的形式美，并没有因为刻板工艺的约束而受限制，无论是单独纹样组合而成的凤凰牡丹，还是框式结构的五毒纹样，其画面的线条都够流畅，构图足够饱满丰富。[89]

第三节　灰缬艺术特色

一、色彩特征

色彩是物品视觉感官的第一要义，与时代特征、审美选择密切相关。先秦时期，由阴阳五行学说衍生而来的五色体系：青、赤、黄、黑、白一直影响着我国传统的艺术用色，对蓝印花布的影响更是如此。而《荀子劝学》中又有“青，取之于蓝而青于蓝。”所以“青”便是指染制蓝色纺织品的靛蓝。蓝印花布作为传统民间手工艺品，主要分为蓝底白花（图5-21）和白底蓝花（图5-22）两种形式，所以纹样色彩主要以蓝、白为基调。从色彩心理角度而言，蓝色代表稳定与幽静，白色代表光明与圣洁。天门蓝印花布中的蓝是带有温度的蓝，是手工艺人情感的传达，也是文化艺术的沉淀。而天门蓝印花布的白，是淳朴的白，与原材料土坯布有关，带有淡淡土黄色，偏高的灰度值和带有肌理的质感，具有浓郁的乡土风情。所以，和谐统一的蓝白搭配宛如蓝天与白云，给人心旷神怡的视觉感受。

蓝印花布的配色与青花瓷器有异曲同工之妙。将蓝、白二色运用其中，使物品最终呈现出朴素幽雅、纯洁大方的魅力，是人们尚蓝情结下的产物，也是劳动人民朴实无华的生活写照，展现了内向静思的民族性格。

图5-21　蓝底白花（图片来源：湖北天门市非遗保护中心提供拍摄）

图5-22　白底蓝花（图片来源：湘西蓝印花布调研拍摄）

二、工艺特征

点是蓝印花布的显著特征，正所谓有学者讲，“剪纸是线的语言，蓝印花布是点的艺术”。蓝印花布近看如“珠落玉盘”，远看恰似“花雨满池”，星星点点、密密层层，其艺术魅力也正是体现在“斑”与“点”上。因此，民间亦称为“花点子布”。蓝印花布的“点”正与蓝印花布的“断刀”工艺有着密不可分的联系，“断刀”工艺也是蓝印花布区别于其他染缬技艺而独有的。在设计画稿时就需要考虑到“断刀”的位置及形状，因为蓝印花布的点只有按一定的造型规律组成纹样，它的美才得以显现。蓝底上疏密有致的白点，恰似繁星闪耀的夜空，扑朔迷离，变化万千，构成动人的艺术效果。这些形状各异的点组成了丰富的纹样，具有独特装饰意味。图5-23是作者团队成员设计制作的蓝印花布作品《黄鹤楼》。画面中黄鹤楼的顶部用排列疏密有致的三角形或平行四边形表示砖瓦，线条呈现长短不一、间断的特征，而非无间断的整条直线，这就是“断刀”的体现。

图5-23 《黄鹤楼》（图片来源：黄婉琼提供）

三、纹样特征

蓝印花布的题材多来自于民众的日常生活、劳作场面以及对美好吉祥愿望的向往，总之生活气息十足。这种较强的民间特色内容决定了中国老百姓的审美情趣。制作蓝印花布的手工艺人们，在设计图案的过程中会考虑众多因素，例如文化内容与呈现形式是否和谐，不同地区的蓝印花布纹样各有特色，天门蓝印花布作品就多呈现对称、反复等特色（图5-24），南通蓝印花布的纹样则更注重形式美感以及对图案的形变处理和二次设计，运用的线条更加饱满、流畅，圆润生动。[90]

图5-24 天门蓝印花布纹样（图片来源：天门市非遗保护中心调研拍摄）

第四节　灰缬图案分类

蓝印花布的图案题材广泛，内容涉及人们生活的方方面面，有花鸟鱼虫、山川景物和吉祥文字等题材。这些图案纹样具有较高的审美价值，是一种精神产品。

一、植物纹样

植物纹样是蓝印花布运用最广泛的一种，形式优美，主要有梅兰竹菊、荷花、石榴、葫芦、葡萄、松树、佛手、桃子等。牡丹雍容华贵，很有大家风范，是花中之王，历来被人们喻为“富贵之花”。李白曾有：“云想衣裳花想容”“一枝红艳露凝香”“名花倾国两相欢”等诗句，以牡丹花来喻比杨贵妃。李正封在当时被誉为歌颂牡丹的高人，他的“国色朝酣酒，天香夜染衣”被皇帝赞赏，从而使牡丹有了“国色天香”的美誉。欧阳修《洛阳牡丹记》称：“天下真花独牡丹”，因而牡丹纹样寄寓了雍容华贵的理想。牡丹已作为一种象征富贵的图案，被广泛应用在蓝印花布的纹样中，图5-25是笔者拍摄于南通蓝印花布博物馆中的“凤戏牡丹”纹样。牡丹与凤凰组合在一起是吉祥富贵的象征，也是蓝印花布纹样中最为常见的一种。[91]

梅兰竹菊被誉为“花中四君子”。在蓝印花布纹样中，梅兰竹菊作为一种吉祥纹样经常出现，一直流传至今（图5-26）。梅是一种高格逸韵的奇木，王安石的“墙角数枝梅，凌寒独自开。遥知不是雪，为有暗香来”赞颂了梅凌霜斗雪、冲寒而开的品格特质，被视为报春的使者或春天的象征。明朝徐渭的“皓态孤芳压俗姿，不堪复写拂云枝。从来万事嫌高格，莫怪梅花着地垂”则描绘了梅的寒肌冻骨、冰清玉洁、高情逸韵，被世人所称道。梅的五个花瓣，象征梅开五福。图5-26中右上侧的花为标准梅花形，由五片实心花瓣构成，代表五福，属于写实性的梅花形态。花瓣为半桃心形，花蕊明显，用多个点代替。兰，被喻为花中君子，《家语》中曰：“芝兰生于深谷不以无人而不芳，君子修道之德不为穷困而改节。”兰的自尊自爱、不随流俗、不媚世态的高贵品质，使其在蓝印花布纹样中随处可见。竹子，节坚心虚，清秀、洁雅，

图5-25　蓝印花布“凤戏牡丹”纹样（图片来源：南通蓝印花布博物馆调研拍摄）

四季常茂、严寒而不凋谢，是风度潇洒的“君子”。清代郑板桥有“咬定青山不放松，立根原在破岩中”以及“不须日报平安，高节清风曾见”等诗句以赞颂竹的品质。菊，又称长寿花，开在秋霜凌寒季节。晋陶渊明的“怀此贞秀姿，卓为霜下杰”表现出菊傲霜盛开的特征。在蓝印花布纹样中，梅兰竹菊的被面被誉为纯洁、坚贞、如意的象征，寄托了人们的美好理想和祝愿。另外，石榴、桃、佛手植物纹样组成的“三多图”在蓝印花布纹样中也较为常见，其比拟多子、多福、多寿。三多吉祥在老百姓的思想中是最美好的祝愿，多子、多寿反映了家里人丁兴旺、长寿吉祥，多福则寓意家庭美满幸福，在民间，多子、多福、多寿一直是民众追求的目标和理想。[91]可见，图必有意，意必吉祥成为蓝印花布图案纹样必须要保留的要素。

图5-26 湖北黄陂蓝印花布梅兰竹菊（图片来源：湖北蓝印花布调研拍摄）

二、动物纹样

动物纹样在蓝印花布中应用也较为广泛，有来自现实生活中的狮子、蝙蝠、老虎、鸳鸯、金鱼、喜鹊等；也有人们根据具体的物象想象出来的生物，它只存在于图腾中而不存在于生物界，如龙、凤、麒麟等。《山海经》这样描述龙的形象：“全身羽毛皆成文字。首文曰德，翼文曰义，背文曰礼，膺文曰仁，腹文曰信。”凤纹的基本特征是头似锦鸡，身如鸳鸯，大鹏的翅膀，仙鹤的腿，鹦鹉的嘴，孔雀的尾。动物的表现要比植物复杂，既要表现其意又要注意它的形态。凤纹是最常见的装饰纹样，到元、明、清时期，被民间大量运用，尤其在女子新婚礼俗中，常与龙图腾和植物纹样如牡丹等进行组合，表达吉祥含义。图5-27是凤凰蓝印花布传承人刘新建的作品《凤戏牡丹》，对凤凰的刻画突出的是它的尾部，其比例占据了全身的二分之一左右，大且长，它那凌空飞转的律动感主导着画面的大势，气氛纷繁而热烈。[91]图5-28是黄陂蓝印

图5-27 《凤戏牡丹》（图片来源：湘西蓝印花布调研拍摄，作者：刘新建）

花布中的凤纹样。

狮子是百兽之王，在《传灯录》中曾有记载："释迦佛生时，一手指天，一手指地，作狮子吼：'天上天下，唯我独尊'。"因此，狮子是佛教中的祥瑞神兽。据传张骞出使西域时，其作为贡品传入我国，在明代作为一品、二品武官的补子图案。"狮"通"师"，有太师、少师的官衔。蓝印花布纹样中的狮子有避邪镇宅之用，多应用于民间喜庆活动中，常见纹样有"狮子滚绣球"（图5-29）等。[91]

除此之外，蝙蝠和鱼也是蓝印花布中经常出现的动物纹样之一。"蝠"与"福"同音，表达人们对福的向往与追求。图5-30是蓝印花布"五福捧寿"纹样。鱼谐音"余"，表示年年有余，人们期待生活富足。图5-31是黄陂蓝印花布，画面中间有一座建筑，上面写着"龙门"二字，前面有两条鱼正在跃龙门，鱼跃龙门在旧时表示中举、升官、功成名就等大喜之事，后来延伸出逆流前进、奋发向上的寓意，表达人们对美好生活的向往。

图5-28　黄陂蓝印花布中的凤纹样（图片来源：湖北蓝印花布调研拍摄）

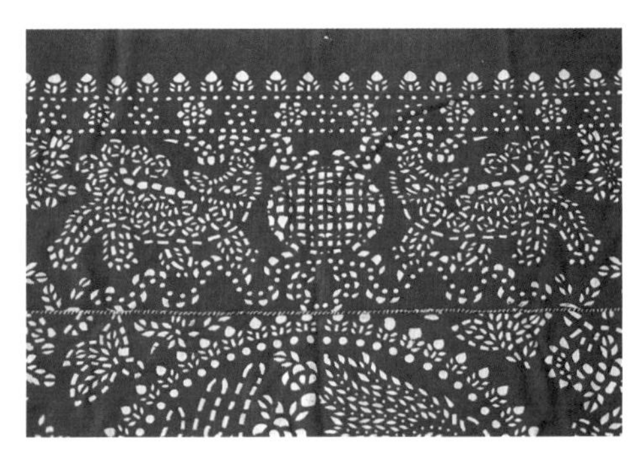

图5-29　狮子滚绣球（图片来源：湖北蓝印花布调研拍摄）

图5-30　"五福捧寿"纹样（图片来源：南通蓝印花布调研拍摄）

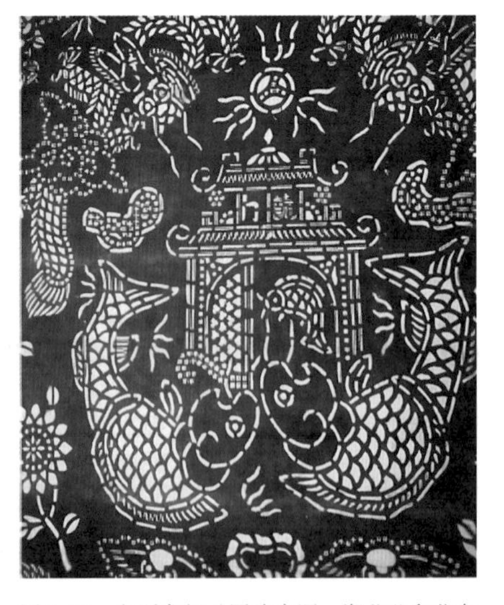

图5-31　鱼跃龙门（图片来源：湖北蓝印花布调研拍摄）

三、人物纹样

人物纹样题材多数来自民众喜闻乐见的民间传说、神话故事或戏曲中的人物等。最常见的民间道教人物纹样是“八仙”，分为“明八仙”和“暗八仙”，“明八仙”即铁拐李、张果老、汉钟离、何仙姑、曹国舅、韩湘子、吕洞宾、蓝采和八位人物形象；“暗八仙”则是指他们随身所执的代表身份的物件，包括葫芦、渔鼓、扇子、荷花、阴阳板、洞箫、宝剑、花篮。他们是人们心目中保四方平安、逢凶化吉的化身。人物纹样的发展与人类社会的进步有着千丝万缕的联系，由于审美观念以及认识的局限性和蓝印工艺的技术要求，所采用的纹样多为抽象性的线条（图5-32）。在人物的表现方面只强调外形和动态，装饰意味浓，更趋向单纯化。[91]

图5-32 蓝印花布人物纹样（图片来源：南通蓝印花布博物馆调研拍摄）

四、其他纹样

在蓝印花布纹样中，还有几何纹样和文字纹样等。几何纹样是以几何形为基本元素，采用自然界中不同的形体，如波浪形、回旋形、日月形以及各种花瓣纹等简化重复而成，主要装饰在被单布、被面、包袱皮、方巾的边缘。

文字纹样是以福、禄、寿、喜等吉祥文字和其他纹样相结合，常作为中心纹样来表现，使组合纹样更加丰富、生动。和其他纹样类型相比，文字纹样更重视对吉祥文字的简化和对平安、幸福的文字进行变化，寓意美好，常见的有百福图、双喜临门、福禄寿全等。[91]另外还有一些记事纹样，如图5-33所示的天门蓝印花布中的农耕纹样图。

图5-33 农耕图（图片来源：湖北天门市非遗保护中心调研拍摄）

第五节　灰缬制作工具

蓝印花布印制工具包括纹样、花版、刻刀、染缸、元宝石、枕石、织布机、抹子、刮刀、晾架等。

一、纹样

纹样，俗称“花样子”，纸质（图5-34）。纹样题材取材于民间故事、戏剧人物、花鸟虫鱼等，多带有吉祥、喜庆色彩。纹样有染坊艺人自己设计的，也有专门卖的。[92]

图5-34　天门蓝印花布纹样（摄影：刘天元，天门市群众艺术馆）

图5-35　蓝印花布花版（图片来源：南通蓝印花布博物馆调研拍摄）

二、花版

花版（图5-35）是印花的模版，用牛皮纸数层裱褙到需要的厚度作为底版，再用雕刀、铳子按设计纹样雕刻成漏花版。漏花版有“单花版”和“双花版”之分，可反复使用数次。

雕漏花版（图5-36）酷似剪纸的艺术创作，主宰着蓝印花布质量的好坏。一块花版即代表一种图案。规模大的染坊往往存有数百块花版。出名的染坊以收藏花版多、花样齐全为荣，并视为传世珍品。[92]

图5-36　尚未完工的蓝印花布花版（摄影：刘天元，天门市群众艺术馆）

三、刻刀

刻刀是雕刻花版的刀具。传统刻刀一般包括圆口刀、弧口刀、平口刀、斜口刀等。其中圆口刀又叫铳子，弧口刀又叫曲刀，平口刀又叫平头刀，斜口刀又叫立刀子（图5–37）。

铳子是用铁皮制作的圆口刀，分大小数种，功能是铳制花版所需的大小不同的圆点。弧口刀分几种不同的弧度，用于刻月牙或尖瓣等。平口刀刀刃宽0.3～0.5厘米，用于刻直线或尖角。斜口刀往往只需一两种，立刃走刀，较长的线条能一气呵成流畅完成。[92]

四、染缸

染缸是用于浸染布匹的容器。缸内盛有调制好的蓝靛染液，染缸需要定期养护，防止“死缸”，才可以正常染色。

图5–37　刻刀（摄影：刘天元，天门市群众艺术馆）

五、元宝石、枕石

元宝石用于坯布或成品布的整理，两个为一对，重300～500斤。元宝石因形似“元宝”而得名（图5–38）；枕石因放在下面作枕垫，故得此名。在手工作坊时代，元宝石是用于碾整染布成品必不可少的工具。经元宝石加工过的染色布具有光泽好、布匹光滑的特点。

图5–38　元宝石（图片来源：天门市非遗保护中心提供）

六、土纺花车、土织布机

旧时蓝印花布多用自家织的土布进行印染，所以土纺花车和土织布机是很多家庭必备的，用于纺织土布（图5–39）。

图5–39　织布机（图片来源：南通蓝印花布博物馆调研拍摄）

七、抹子

刮湿灰浆用的抹子一般用牛骨或木板制作

而成，半月形，有的也称为刮浆刀。制作方式通常为将铁锻打成半月形铁片，并将刀口磨平后装上木柄。[92]

八、刮刀

刮刀是刮干灰浆用的刀具，铁制作，刀口较锋利（图5-40）。刮刀分为两种，一种为家用大菜刀，可用于刮灰浆；另一种为刮灰刀，刀背使用时要装上圆木把。[92]

九、晾架

晾架是用于晾晒布匹的架子（图5-41），一般用竹子制作，长约9米、宽4.5米、高6.5米，用于晾晒印染后的半成品和成品布。[92]

图5-40　刮刀（图片来源：南通蓝印花布博物馆调研拍摄）

图5-41　晾架（图片来源：南通蓝印花布博物馆调研拍摄）

第六节　灰缬制作技艺

蓝印花布传统的制作工艺大致包括七个环节：准备坯布、制花版、印花、染料配制、染色、刮灰露白和后整理。

一、准备坯布

准备坯布时一般挑选棉质好、表面干净、色质白、质地紧实的上等布料来印制蓝印花布，这样可以得到更好的印制效果，而普通坯布则用以染制纯蓝色或其他生活用品。现在多用机

器织的棉布，但不管是自织的还是机器织的，都不能直接拿来用，而要先进行处理、修整。坯布到手后要进行脱脂退浆处理，经过脱脂处理后，在刮浆前还要用元宝石碾压平抚。[92]

二、制花版

制花版具体包括裱纸、设计纹样、镂刻（图5-42）三个步骤。

图5-42 雕刻花版（图片来源：董宇飞提供）

（一）裱纸

裱纸一般用柿子汁（在湖北地区尤以京山产的柿油为最好）将皮纸斗层层涂抹，裱糊制成具有防水功能的纸板。薄纸板裱糊2～3层，厚纸板裱糊4～5层。

（二）设计纹样

民间艺人创作蓝印花布纹样时要根据面料的用途、图案的元素、表现的技法、整体的造型等特点在白纸上设计纹样，并结合蓝印花布的工艺特点转化为图案形式。图案可利用制版将纹样循环连接，形成四方连续纹样，同时还要保持适当的宽度，这样既有利于操作，又可以减少花形边线的模糊。

（三）镂刻

在花版镂刻过程中，首先要确定花版的面积，花版长和宽通常不超过90厘米×40厘米，超过尺寸刻版时拉推转动较易损坏。镂刻时要注意花形的流畅感，强调匀称，避免花形局部翘起，以确保成品艺术效果。雕刻时刻刀需竖直，按一般习惯右手执刀，左手中指和食指配合着推压，力求上下层花形一致。刻花版基本顺序是“从上到下、由左到右”；工具使用

图5-43 刷桐油（图片来源：董宇飞提供）

多遵循双刀先刻、单刀再刻、最后铳圆点的顺序。就图形而言，先刻面积较大的纹样，再刻其他花纹。先刻后敲，以维持花版的平整。花版刻好后，用卵石将花版打磨上蜡，而后刷油。先刷生桐油，烘干，再刷熟桐油，一共刷四五遍后，桐油就会渗透进花版，这样就会加固纸张的牢度，使花版具有防水性能（图5-43）。最后将花版晾干，压平即成。一张版一般来说可以印千余尺布，对版伤害最大的就是挂浆，所以印制时速度要快，到一定程度时还要及时清水清理花版，防止浆料凝固糊住版眼。[92]

三、印花

蓝印花布采用的是漏版刮浆的防染印花工艺，包括调浆、刮浆两个步骤。

（一）调浆

关于防染浆料，民间艺人经过多年摸索最终选用黄豆粉，因黄豆粉加石灰粉后发现不仅好上浆，而且染好后也易刮浆，故民间艺人多用黄豆粉加石灰粉做防染剂。调浆是浆师们凭借多年的感觉和经验来把握，一般用刮板将浆料挑起来再往下流，好的浆料有一种倒油漆的感觉，比较稀，且色泽发亮，甚至有点发光，类似浅灰白绸缎的色泽，柔顺细腻。

图5-44 刮浆（摄影：吴志坚，湖北省群众艺术馆）

（二）刮浆（图5-44）

先把花版平铺在坯布上，用半月形的抹子（多用牛骨或木板制作）将防染浆在花版上反复刮印，使灰浆通过镂版印在布上。刮有防染浆的部分，染色时染液是无法渗透进去的。刮浆时要按照自上而下的顺序，需要用力均匀、迅速，且一次到底，避免因逆印引起花版的移动。一般而言，刮浆需要进行两遍方能完成。花版刮浆完成后要立即自下而上快速揭起，不能平移挪动花版，以免破坏图案。此后要用清水清洁花版，再用布擦拭干净以便下次使用。[92]图5-45是刮完防染浆之后的状态

图，有防染浆的位置在染缸里就可以避免上色，以此形成白色花纹。

图5-45　刮好防染浆的状态（图片来源：纺大染语工作室提供）

四、染料配制

蓝印花布使用的传统染料称为“土靛”，是从天然植物蓝草中提取，被称为“植物性还原染料”。配制染料有制靛和缸水调配两个步骤。

五、染色

先将刮有防染浆的白布进行浸泡，待布泡软后即可进行染色（图5-46）。染色浸染需要根据布料的不同以及气候的变化来调整，如夏天时间短，冬天时间长；布料厚时间长，布料薄则时间缩短。冬季若染坊温度低于10℃，还需给染缸加温。需要注意的是，浸染的次数不同，颜色的深浅层次也就存在明显的差异。一次染色不可能达到指定要求，一般经过6～8次反复入缸浸染、出缸氧化，才能染成深蓝色。蓝白花纹对比强烈，才是标准的蓝印花布。

图5-46　染色（图片来源：作者提供）

布染好后，把布挑出，放置在染缸上沥干，再拿到室外置于晒架摊晾，让布充分与空气接触，使布上染液充分氧化，随后，整块布就会由绿变蓝。[92]

六、刮灰露白

浸染后的布晾干后，选用适当的木棍或工具进行敲打，使其蓬松，然后固定住布的两端于支架上，最后用刮刀刮去干灰浆，直至刮完，密封处则露出布的本色，形成蓝白相间的图案。刮刀斜倾45°，动作要快，用力适中，防止刮坏棉布（图5-47）。

图5-47　刮灰露白

七、后整理

后整理包括漂洗（图5-48）、晾晒和碾平（图5-49）三个步骤。为了把残留在布面的灰浆及浮色彻底清洗干净，对经刮灰露白后的布需要反复、多次漂洗。所以，为方便清洗，蓝印花布染坊都会分布在沿河的两岸。待布干后，用元宝石碾压平服，后折叠或卷成坯布存放，待制成各种生活用品。至此蓝印花布的印染工艺全部完成。[92]

图5-48　后整理——清洗（摄影：吴志坚，湖北省群众艺术馆）

图5-49　后整理——碾平（摄影：吴志坚，湖北省群众艺术馆）

第七节　灰缬面料与染料

中国蓝印花布的印染原料包括染料和坯布，从染料上分析，蓝印花布的染料在明末清初之时大致由菘蓝向蓼蓝转型；从坯布上看，元代之后蓝印花布印染坯布逐渐由麻布转向棉布。

一、面料

蓝印花布的前身是“药斑布”，最初使用的坯布应是麻织物，这主要有以下两方面原因：一方面，“药斑布”在产生之时棉布还没有在江南地区流行，“药斑布”产生于南宋嘉定年间的安亭镇，而棉布制品在江南地区开始作为主要衣料的主要原料，则发生在黄道婆在上海乌泥径传播棉纺织技术后。因此，“药斑布”产生之时人们的主要衣料仍是丝、麻织物，“药斑布”的出现最初不可能使用棉布作为坯布。另一方面，既然“药斑布”在产生之时的坯布可能是丝或麻织物，而根据“药斑布”的最早记录“宋嘉定中归姓者创为之，以布抹灰药而染青……”可知，“药斑布”最初的坯布是“布”而非“丝”或“绸”。那么，可以大致推断在宋代的布应为麻布。

到了元代，平民百姓的主要衣料发生了重大改革。随着棉花种植从闽南向江南地区的推广，棉布被作为重要的夏税征收之物。元朝统治者早就认识到植棉的重要性，于是在公元1289年（至元二十六年）专门设置“木棉提举司”，开始向民间征收木棉，充实政府财政收支。同时，黄道婆将黎族的棉纺技术与汉族麻织技术充分融合起来，创造出后人耳熟能详的上海乌泥径棉纺织技术，并大力推广（图5-50）。元代黄道婆改革棉纺织技术的推广，使得棉布逐渐取代麻布，成为平民百姓的主要衣料。此外，棉布的可染性明显要胜于麻，甚至超过丝。因此，元代之后，蓝印花布的坯布原料逐渐由麻转变成棉。[74]

图5-50　黄道婆纺织雕塑

二、染料

图5-51　蓝草（图片来源：染友拍摄）

中国古代的蓝草（图5-51）包括菘蓝、蓼蓝、马蓝和木蓝，由于蓼蓝制靛工艺的不成熟，直至宋代还未采用蓼蓝制作的靛蓝，而是直接用于染制青绿色。到了明代才出现使用蓼蓝制作的靛蓝。以蓝印花布的代表——南通蓝印花布为例，最初的染料并不是蓼蓝而是菘蓝。据明嘉靖《通州志》载，海门、通州均曾岁贡千斤以上菘蓝制作的土靛，说明至少在明代中期，南通蓝印花布所使用的染料为菘蓝。随着明末清初移民大量涌入南通，靛蓝染料的品种也由菘蓝转为蓼蓝。正如《天工开物》中所言："近又出蓼蓝小叶者，俗名苋蓝，种更佳。"这种转变说明，随着南通蓝印花布的发展，地域间技术交流的频繁，南通蓝印花布的染料也发生了重大转变。[74]

第八节　国家级非物质文化遗产
——蓝印花布印染技艺（江苏省南通市）

2006年5月20日，南通蓝印花布印染技艺经国务院批准列入第一批国家级非物质文化遗产名录，编号为Ⅷ-24。

一、南通市简介

南通市东濒黄海，南临长江，北靠盐城，西接泰州，有"据江海之会，南北之喉"之称。四季分明，水网密布等优越的地理条件，让南通市拥有丰富的生物资源，加速了其经济发展（图5-52）。

图5-52　南通蓝印花布印染（图片来源：江苏南通蓝印花布调研拍摄）

二、南通蓝印花布印染技艺发展概况

南通地理条件优越，因濒江临海，所以土壤气候适宜棉花生长。明末清初，从广州花商传来了蓼蓝种子开始，即植物蓝靛的原料，就造成南通民间蓝草的大量种植行业，南通的染织蓝印花布的作坊已发展成为有规模的街市。据明代《通州志》记载，在染织局登记在册的手工染坊就有19家之多。清末时，南通地区的“印花担”队伍还保持在近百人左右。

三、南通蓝印花布印染技艺传承人——吴元新

吴元新，江苏南通人，南通大学蓝印花布艺术研究所所长，中国工艺美术大师，首批国家级非物质文化遗产代表性传承人，南通蓝印花布博物馆馆长，“元新蓝”创立人。吴元新致力于保护和传承蓝印花布艺术，抢救保护蓝印花布等传统印染实物遗存4万余件、纹样17万个，创新设计近千件蓝印花布纹样及饰品，并著有《中国传统印染技艺》《中国蓝印花布纹样大全》等十多部国家重点图书。其创新的蓝印花布作品三度获“山花奖”，设计的蓝印花布系列作品“凤戏牡丹”台布、“年年有余”挂饰、“喜相逢”桌旗系列被国家博物馆、中国工艺美术馆收藏。此外，吴元新作品被中国艺术研究院、清华大学美术学院等十多所院校聘为兼职教授和客座研究员。图5-53为吴元新作品《飞天蓝印花布壁挂》。

图5-53　吴元新作品《飞天蓝印花布壁挂》

第九节　国家级非物质文化遗产——蓝印花布印染技艺（湖南省凤凰县）

2008年6月7日，湖南省凤凰县申报的蓝印花布印染技艺经中华人民共和国国务院批准列入第二批国家级非物质文化遗产名录，编号为Ⅷ-24。

一、凤凰县简介

凤凰县，隶属于湖南省湘西土家族苗族自治州（图5-54）。地处湖南省西部边缘，湘西土家族苗族自治州的西南角，东与泸溪县接界，北与吉首市、花垣县毗邻，南靠怀化市的麻阳苗族自治县，西接贵州省铜仁市的松桃苗族自治县。

图5-54　凤凰县

二、凤凰县蓝印花布印染技艺发展概况

凤凰县蓝印花布印染技艺历史悠久，源远流长。西汉时期，蓝印花布即已出现。明代宋应星的《天工开物》有对蓝草可以提取靛蓝的明确记载，同时详尽记述了当时的制蓝方法。凤凰地区的蓝印花布有着鲜明的地域特色，成为湘西地区一朵盛开的非遗之花。

三、凤凰县蓝印花布印染技艺传承人

（一）刘新建

刘新建，男，汉族，1968年2月27日出生于凤凰沱江镇一个世代从事蓝印花布工艺制作的世家。他的父亲刘贡鑫（又名刘大炮）是蓝印花布印染技艺国家级代表性传承人，刘氏蓝印花布手工技艺传承至今，刘新建已经是刘氏蓝印花布第五代传承人了。1997年，刘新建辞去烟厂工作，正式在家中一心一意跟随其父学习蓝印花布印染技艺。刘新建一方面得到父亲的亲传亲授，另一方面其自身也有刻苦学习及认真钻研的精神。父子二人，省吃俭用，自筹资金，购买新设备，建起了一个蓝印花布家庭作坊。有了作坊，有了场地，有了设备，刘新建就有了

用武之地，短短几年基本掌握了蓝印花布的印染精髓，现已经全部掌握了蓝印花布制作的工艺流程和技巧。刘新建是大专学历，文化程度较高，观念新潮，于是陆续对蓝印花布印染技艺进行了一系列的改进与创新：一是在图案设计上加入了新元素，以适合现代人的审美观；二是改进原来复杂的传统工艺，使产品更优而工序却更易操作。例如，他在涂色作画方面进行改革加工，把原来传统的冷作法，改为现在的热处理和热作法，这样制作出来的蓝印花布色泽显得更加鲜艳、美观，也更耐用，受到广大消费者的喜爱，其商品价值也就更高。

如今，刘新建亲手制作的印版就有300多套，并亲自设计和制作了收藏印版的大型抽屉。他的印染作品细腻、古朴、优雅，图案完美，多是反映老百姓的喜闻乐见，寄托着他们对美满生活的向往，非常耐看，具有鲜明的民族特色、文化内涵、乡土气息和地方风味，也具有很高的观赏价值、实用价值、收藏价值、商品价值和对外文化交流价值，系凤凰县民间手工工艺的珍品和精品。其代表作品有门帘挂品《凤穿牡丹》《喜鹊闹梅》，被面成品《双凤朝阳》《鸳鸯戏水》等。通过刘新建多年的努力，蓝印花布印染技艺在凤凰出现了一个崭新的局面。近年来，他与父亲共同创作的多幅蓝印花布作品在国家级和省级的民间工艺参展大赛中数次获奖，并远销日本以及东南亚地区，受到中外消费者的青睐和知名的民间工艺专家的高度赞赏（图5–55）。2010年，凤凰县蓝印花布印染技艺传习所成立，刘新建随父亲刘大炮共同带徒授艺6人，现均已结业。代表性学徒梁华兴、滕燕现已基本掌握蓝印花布的整个技艺流程，并且能独立完成多个印染作品，特别是梁华兴，在凤凰县山江镇开起了“华兴印染坊”，为山江镇群众印染日常生活用品，成了山江镇一带家喻户晓的印染师。同年，为支持“非遗进校园”活动，刘新建主动要求担任凤凰县箭道坪小学、文昌阁小学的校外民族技艺指导专家，专门为学生讲授蓝印花布的印染技艺，为凤凰县蓝印花布的传承与繁荣发展作出了积极的贡献。

图5–55

图5-55　刘新建个人作品（图片来源：湘西蓝印花布调研拍摄）

图5-56　刘大炮作品“刘海戏金蝉”方巾（图片来源：微信公众号“FDC面料图书馆”）

（二）刘大炮

刘大炮，第二批国家级非物质文化遗产代表性项目传承人。刘大炮本名刘贡鑫，出身染匠世家。12岁进染坊学艺，16岁开刘氏染坊。他先后到访日本、意大利佛罗伦萨进行手工艺表演，其作品更是被多方收藏（图5-56）。他还常年奔走于民间，致力于收集花布，保存纹样，现已恢复纹样300多种。在继承传统的同时，他也不断创新，提高了生产效率，使凤凰蓝印花布成为当地旅游的一大特色。

第十节 国家级非物质文化遗产
——蓝印花布印染技艺（浙江省桐乡市）

2014年7月16日，浙江省桐乡市蓝印花布印染技艺经中华人民共和国国务院批准列入第四批国家级非物质文化遗产名录，编号为Ⅷ-24。

一、桐乡市简介

桐乡市，位于浙江省北部杭嘉湖平原。东部连嘉兴市秀洲区，南部邻海宁市，西部接杭州市临平区，北部毗湖州市德清县、南浔区、江苏省苏州市吴江区。

二、桐乡蓝印花布印染技艺发展概况

元代时，桐乡开始出现蓝印花布。明清以后，蓝印花布的印染应用于民间。据《石门县志》记载，当时政府已专设织染局，且影响较大。清末民初时期，该地区以蓝印花布为业务的民间染坊遍布各处，其中影响较大、历史较长的有石门的丰同裕染坊和崇福的蓝茂丰染坊、协大染坊等。

三、桐乡蓝印花布印染技艺传承人

（一）周继明

周继明，第五批国家级非物质文化遗产代表性项目传承人。周继明从小学习印染技艺，长大后更是凭借着精湛的技艺当选印染厂厂长。他还先后进行了两次技术改造，提高了蓝印花布的品质感（图5-57）。其代表作品《清明上河图》多次获奖，打响了桐乡蓝印花布的地域性标志。

图5-57 蓝印花布

（二）哀警卫

哀警卫，中国工艺美术大师，浙江工匠、省级非遗代表性传承人、浙江省“万人计划”传统工艺领军人才，具有正高级工艺美术师、高级技师职称。第八届国际纤维艺术双年展，其作品《乌镇印象》获得银奖，也成为桐乡蓝印花布创新团队带头人。

作为桐乡蓝印花布传承人和丰同裕蓝印花布艺有限公司创办人，多年来，哀警卫将精力倾注于蓝印花布这一传统印染工艺的传承和振兴，引领桐乡蓝印花布的繁荣与发展，是推动非遗融入现代生活的典范（图5-58）。

图5-58　哀警卫作品（图片来源：微信公众号“中国美术学院”）

第十一节　国家级非物质文化遗产——蓝印花布印染技艺（湖南省邵阳县）

2008年6月7日，湖南省邵阳县蓝印花布印染技艺经中华人民共和国国务院批准列入第二批国家级非物质文化遗产名录，编号Ⅷ-24。

一、邵阳县简介

邵阳县，位于湖南省中部偏西南，在邵阳市南部，资水上游。东邻邵东、祁东县，南连东安、新宁县，西接武冈、隆回县，北抵新邵县和邵阳市区。邵阳由于水陆交通发达，成了中南地区最大的蓝印花布生产、染印、销售中心，因此也被誉为蓝印花布之乡（图5-59）。

图5-59 邵阳

二、邵阳县蓝印花布印染技艺发展概况

据《邵阳县志》记载，邵阳蓝印花布于唐代贞观年间兴起。邵阳人是在苗族蜡染工艺的基础上创造了以豆浆、石灰替代蜡的印染技法。明清两代，由于水陆交通便利，邵阳成为中南地区最大的蓝印花布生产基地，获得了蓝印之乡的美誉。

三、邵阳县蓝印花布印染技艺传承人

（一）蒋良寿

蒋良寿，第五批国家级非物质文化遗产代表性项目传承人。小学毕业后，他跟随外公学习印染技艺，在空闲时间走街串巷收集民间老旧蓝印花布，并多地走访拜师学艺，他优秀的技艺和丰富的经验以及作品在当地颇有名气（图5-60）。随着国家对非物质文化遗产的重视，蒋良寿兴奋之余，开启了邵阳蓝印花布的传承之路。

图5-60 蒋良寿作品《姊妹观花》（图片来源：赵顺艳提供）

（二）赵顺艳

赵顺艳，中国工艺美术学会会员、湖南省设计艺术家协会会员、邵阳县美术

图5-61　湖南邵阳蓝印花布传承与创新主题讲座（图片来源：纺大染语工作室）

家协会秘书长、国家非物质文化遗产邵阳蓝印花布传承人。赵顺艳在2013~2016年的蓝印花布作品，分别获得了市级一等奖湖南省三等奖等；2021年7月蓝印花布作品参加全国职业技能教学比武技能大赛，荣获邵阳市一等奖，湖南省二等奖；2021年邵阳市文明风采德育实践活动“蓝印花布”典型案例荣获邵阳市一等奖；2021年9月蓝印花布《幸福百年》作品荣获广西壮族自治区“八桂天工”奖铜奖。

图5-61为纺大染语工作室邀请赵顺艳老师以“湖南邵阳蓝印花布的传承与创新”为题展开的学习交流活动讲座。讲座第一部分，赵老师讲述了邵阳蓝印花布的历史和制作流程；第二部分介绍了蓝印花布的图形设计、图案特点及其表现形式。蓝印花布的特点为蓝白双色，图案以点的形式表现，处理则用“断刀”“搭桥”的方式。表现形式有蓝底白花或是白底蓝花与两者的综合运用。

思考题

1. 中国传统灰缬的制作流程有哪些？
2. 分组讨论国家级非物质文化遗产项目——南通蓝印花布印染技艺与省级非物质文化遗产项目——天门蓝印花布印染技艺的图案特色。

第六章

其他少数民族地区印染技艺

第一节　布依族枫香染

2008年，贵州省惠水县、麻江县枫香染制作技艺被列入第二批国家级非物质文化遗产保护名录，编号Ⅷ–108。

惠水县，隶属于贵州省黔南布依族苗族自治州，位于贵州省中南部，因涟江、濛江两江惠民之水交汇贯穿全境而得名。麻江县，隶属于贵州省黔东南苗族侗族自治州，地处贵州省中部，麻江是苗语玛哈的译音，意为水上之疆。布依族多选择在依山傍水之地聚族而居，是一个古老的农耕民族。

图6-1　枫香染绘制（图片来源：民族服饰博物馆官网）

枫香染有着悠久的历史，据《宋史》四百九三卷记录：南宁府（今惠水），物产名马，朱砂、枫叶染布。至宋代，枫香染已发展到了顶峰时期。[93]

枫香染的制作流程包括采集制作香油、绘制图案、制作蓝靛、浸染、晾晒、脱脂。[94]

通过熬制割取的枫香树表层树脂提炼枫香泊脂，待其凝固后与马油混合熬制、过滤、除渣、冷却，冷却后制出防染剂。绘制图案首先是在硬纸板上打好草稿，再用笔在布上直接绘出，拿笔需保持竖直姿势，下笔力度要轻，速度要均匀，尽量保持中锋运笔。

枫香染的染料与蜡染基本一样，用蓝靛染色，染完色后用沸水去掉树脂，呈现蓝、白图案。枫树脂与蜂蜡相比更为黏稠，流动性差，因此在枫香染图案中较少看到粗细均匀的长线条，多用锯齿样、水滴样中间带圆点的装饰手法。枫树脂的防染效果稍逊于蜂蜡，成品图案的蓝白对比不是很强烈，有些染料渗入还会出现浓淡晕染效果。但枫树脂的韧性好，一般不开裂，染色脱脂后没有冰纹，形成了枫香染不同于蜡染的独特风格。图6–1呈现的是在面料上绘制枫香的情景。

枫香染颜色比较简洁，蓝色调为主，辅以留白，通过变换颜色的深浅达到动态渐变的效果。布依族人有着典雅朴素的审美观念，枫香染一般用青、浅蓝、白（图6-2），典雅的配色像极了元代的青花瓷，故有“画布上的青花瓷”之称。[94]

图6-2 枫香染作品（图片来源：民族服饰博物馆官网）

图6-3～图6-5三幅作品是赵维英扎染枫香染系列作品。赵维英出生于苗族聚居地贵州省惠水县，是枫香染州级非遗代表性传承人，从小学习枫香染。2017年师从自贡扎染国家级非遗传承人张晓平。自贡扎染为赵维英枫香染创新提供了机会与灵感，尝试将扎染与枫香染结合进行创作。

图6-3 《同心自相知》赵维英

图6-4 《花香四溢》赵维英（图片来源：百度）

图6-5 《比翼连枝》赵维英

第二节 白裤瑶粘膏染

白裤瑶是瑶族的一个分支，因其男子常年穿着齐膝白裤而得名，该民族主要生活在广西和贵州交界地带，也被联合国教科文组织称为“人类文明的活化石”。白裤瑶自称“朵努”，大约从宋代前后翻越千丘万壑移居到此。

粘膏染是白裤瑶特有的一种印染技艺。之所以称为粘膏染，是因为这种技法与粘膏树有关。粘膏树上提取的粘膏是制作粘膏染的重要材料，这也是与其他印染技法的区别所在。

白裤瑶粘膏染与蜡染有着极大的相似之处，区别在于蜡染是以蜡做防染材料，而粘膏染以粘膏树上提取的粘膏做防染材料。

粘膏染的制作工艺流程包括取粘膏（图6-6）、炼粘膏（图6-7）、画粘膏（图6-8）、染粘膏画。其中染粘膏画要用到蓝靛和鸡血藤。鸡血藤是因为藤的汁液像鸡血，故得此名。把新鲜的鸡血藤斩断时，会流出赤褐色的汁液。该汁液干枯后很坚硬。白裤瑶服饰上出现最多的颜色为接近黑色的藏青色，白裤瑶为了染这种颜色，一般先用蓝靛染料染色后再用鸡血藤染色，使颜色更深。

图6-6　取粘膏

图6-7　炼粘膏

图6-8　画粘膏（图片来源：民族服饰博物馆官网）

第三节　彝族泥染

2014年，彝族泥染被列入四川省级非物质文化遗产保护名录。

泥染是彝族印染技艺之一。该技艺是将蓝靛等自然界采集到的含色素的染色用料提取染液，经脱水、发酵后形成膏泥。将膏泥晒干研磨，然后借助核桃、马桑树枝、叶、果皮等植物媒染剂，再经特有的沼泽泥水浸泡、濯洗等特殊工序，给棉、毛、麻、丝等制品上色的一种印染技艺。

四川凉山州美姑县九口、昭觉县四开、金阳县阿勒南瓦三个地方的泥染技艺最负盛名。其中金阳县阿勒南瓦的彝族泥染，因其所染纺织物色彩庄重，不褪色，光泽度好，技艺独特、成熟而远近闻名。泥染常用于彝族传统服饰擦尔瓦和披毡。

泥染以黑色、蓝色、深蓝色、蓝黑色等深色为主调，以玄虚、严肃、丰富的审美表现出彝族人的尚黑习俗和大气、淳朴的自然之风。图6-9是泥染过程的展示。

图6-9　泥染过程

第四节　水族豆浆染

2015年，豆浆染被列入贵州省第四批省级非物质文化遗产代表性项目名录。

水族豆浆染技艺主要分布在贵州三都水族自治县境内，同蜡染一样都属于防染技艺。

水族豆浆染是将豆浆、生石灰加水混合作为防染剂，与蓝印花布有着异曲同工之妙，但是在印染工艺以及花版纹样方面又存在着一定的差异。[95]豆浆染是水族先民的智慧结晶与审美表达，更是水族人民在长期生活与实践中形成的代表水族智慧的一种民间印染工艺，具有鲜明的水族特色。

豆浆染以自织土布为面料，以蓼蓝加工的蓝靛为染料。其工艺流程主要包含刻制花版、调豆浆、刮豆浆、入缸染色、氧化晾晒、去除豆浆、冲洗浮色、晾晒、后整理等步骤。

水族人把自己对自然界的朴素印象具象成各种各样的图案，而后画在用牛胶刷过的纸板上，刻成豆浆染的模版。常见的图案和纹样有自然纹样、几何形纹样两大类。自然纹样中多为动植物纹，人物纹很少；几何形纹样多为自然物的抽象化。其中，铜鼓纹、鸟纹、蝴蝶蝙蝠纹、鱼纹、云纹螺蛳纹、花草植物纹是水族豆浆染中的代表性图案和纹样。[96]图6-10是贵州省民族博物馆收藏的当代三都水族豆浆染双龙戏珠纹床单，质地为棉，重863.6克，长202厘米，宽148厘米，保存完整。

图6-10　当代三都水族豆浆染双龙戏珠纹床单（图片来源：贵州省民族博物馆官网）

第五节 藏族矿植物颜料制作技艺

2011年5月23日，藏族矿植物颜料制作技艺经国务院批准，列入第三批国家级非物质文化遗产名录。

藏族传统矿植物颜料分矿物颜料和植物颜料两种，主要用于壁画唐卡（图6-11）的绘制、泥塑佛像的上色、民居建筑和家具器物的装饰彩绘，尤其适合绘制长期暴露在外的房屋装饰图案。[97]

图6-11 唐卡

自人类出现以来，矿物颜料就与人类相伴至今。人类用矿物颜料来绘制壁画，在中国发现的最早利用天然色彩的例子，可追溯到旧石器时代晚期。矿物颜料作为唐卡最基本的原料，其永不褪变的色彩与矿物颜料是密不可分的。颜料矿物色彩鲜艳、洁净，可保持千年而不褪色。由于这些颜料矿物是在一定的地质环境下形成的，并具有较稳定的物理、化学性质，因此用这些矿物颜料所绘的各种画作，其颜色经久不变。

藏族传统矿植物颜料应用历史悠久。在西藏阿里等地发现的岩画遗存中，有经研磨的赤铁矿等颜料拌和兽骨熬制的胶质液或血液绘成深红色、红褐色或黑色的图像，这是西藏先民使用矿物颜料的最早例证。吐蕃时期以后，西藏各地逐渐形成正规、有组织地定点开采矿物，进行矿植物颜料的定制，并且藏青颜料是西藏向周边地区输出的重要特产。在元代，藏传颜料就已流传至北京。明清以后藏传颜料使用范围更广，如北京的雍和宫、白塔寺、黄寺、承德的外八庙等都是现存于内地的、大量利用了藏传颜料的代表性建筑。[97]

思考题

1. 谈一谈自己感兴趣的少数民族传统印染技艺及其特点。
2. 分组讨论枫香染、粘膏染工艺之间的异同。

第七章

中国传统印染染料分类与实践

从远古时期开始，人们就懂得利用自然界中的植物染料进行着色，并应用于日常生活之中。考古专家在北京周口店山顶洞人遗址发现，距今1.5万年前，我们的祖先，就已经懂得在身上涂抹红色矿物染料来装饰自己。据历史资料判断，中国是世界上最早使用天然染料染色的国家。这和物产丰富、各类植被繁多有关，我们的祖先因地制宜，将大量天然植物用于染色之中，使中华民族染色业蓬勃发展，从而造就了中国纺织行业举世闻名的辉煌历史，至今对世界影响都十分深远。现如今工业染料的染色牢度优于天然植物染料，在全世界得到广泛使用。可不得不提到的是，工业染料在其生产过程中给环境带来一定的污染，现已发现一些工业染料对人体健康也造成非常严重的影响。可以说，利用天然染料进行染色的方式正在成为绿色环保可持续发展时尚产业的首选。[98]表7-1详细展现了天然染料分类及释义。

表7-1 天然染料分类及释义

天然染料	具体释义
植物染料	植物染料是利用自然界的花、草、树木的茎、叶、果实、种子、皮、根提取色素作为染料。用植物染料染的织物，色彩自然，无毒无害，而且具有防虫、抗菌的作用
矿物染料	矿物染料是各种无机金属盐和金属氧化物，主要有棕红色、淡绿色、黄色、白色等，经过粉碎混合后可得20多个色谱
动物染料	动物染料是从动物躯体中提取的能使纤维和其他材料着色的有机物质，如从胭脂虫体内提取的红色染料等

第一节　植物染料

一、中国传统植物染料的染色工艺

通过研究一些中国古代图书，我们可以发现有许多关于染料的记载。《唐六典》中就有关于彩色印染的记录："染大抵以草木而成，有以花叶，有以茎实，有以根皮，出有方土，采以时月。"不难看出，植物染色是中国传统服饰色彩文化重要的一部分。随着社会的发展，人们对纺织服装染色的需求也在不断增长。因此自古以来，植物染色便一直成为中国色文化的重要载体。

中国是世界上已知最早使用天然植物染料直接在羊毛织物原料上进行染色的国家，早在轩辕黄帝时代，就有人用草木汁液来对衣服染色，以区别身份。[99]秦朝设立"染色司"，并以

凸版捺印法为代表，开创了印刷技术。它是一种采用凸纹的印版，在凸印版的正面沾上一层黏和性的颜料，然后再使用印章方法，把印版的颜色直接压在织物上面。从而形成印花图案汉朝时，已有种植蓝草、茜草、红花等为主的植物染料，此外还有开采以丹砂、铅白、绢海桐、炭黑等为主的矿物染色。明清时期，政府设有蓝靛所等专门机构提炼矿石和植物染料，青、黄、赤、白、黑等称为中国传统五色，然后再把五个色彩掺和在一起，产生了其他颜色的染料。直到19世纪中期，西方传教士发明并大量传播化学染料以前，中国的植物天然染色已经产生和持续发展了几千年。[100]

在我们的日常生活中，几乎随处可见各种颜色、不同生长姿态的天然植物。植物染色就是使用从这些漂亮、鲜艳的植物中提炼出来植物色素进行染色。然而，植物自身的自然色素含量并不能完全永久保存，大多数的植物色彩往往都会慢慢地褪去，这给植物色彩的天然着色工作带来了许多困难。纯天然的植物染料，能够将废料转化为资源，从而达到节约能源和环境保护的目的。这些植物染色液的颜色提取过程根据使用目的、使用需要的不同，可以依次进行不同染色方式、不同提取的时间长度等，这样呈现出来的植物色彩效果会大不相同。[101]

植物染色是一种传统的染色方式，它取材方便、环保，是化学染料所不能达到的。植物染是技术与艺术的结合，它是中国传统服装色彩审美系统的重要组成部分，深刻影响着中国传统服装的色彩图案。

图7-1是作者在中国丝绸博物馆调研时拍摄到的部分植物染料，有茜草、红花、柘树、栀子、板蓝、蓼蓝、茶以及胡桃，这些都可用作植物染，染出的颜色各有不同，色泽自然。

图7-1 部分植物染料（图片来源：中国丝绸博物馆调研拍摄）

二、植物染料种类

植物染料众多，是目前天然染料生产中占比份额最大的一部分，主要包含蓝草、茜草、红花、紫草、栀子、槐米、姜黄、黄檗、五倍子、莲子壳、柘树、胡桃、茶叶等。

（一）蓝草

蓝草是我国应用最早、最广泛的一种蓝色染料。荀子的《劝学篇》中有记载：“青，取之于蓝，而青于蓝。”其中“青”指的就是靛蓝染料，它是从蓝草中提取的。中国古代制靛的蓝草有蓼蓝、木蓝、菘蓝（图7–2）、板蓝（图7–3）等植物。蓝草枝叶里都含靛质，在水里浸泡后会很快发酵，分解成原靛素，这是一种能在水里溶解的吲哚类生物碱。原靛素在水溶液中受酶的作用分解成吲哚酚，在空气中被氧化形成靛蓝。靛蓝在水中不溶解，因此会沉淀。

图7–2　菘蓝（图片来源：中国丝绸博物馆调研拍摄）

图7–3　板蓝（图片来源：中国丝绸博物馆调研拍摄）

（二）茜草

我国应用茜草染色的技术已有三千多年历史，其是人类最早使用的红色染料。茜草主要有印度茜草、西茜草和东南茜草，茜草根内含有茜素、茜紫素、赝茜紫素等，可染砖红色。一般在酸性条件下染色，染色时多使用媒染剂提高色牢度。

（三）红花

红花，汉朝时被引入中国，也被称为“红蓝草”，是中国非常重要的红色染料。红黄色花冠中含有红色素，酸性条件下可直接染制真红。白居易《红线毯》中提到对红线毯的着色，就是用红花染成的。

（四）紫草

紫草是一种很古老的植物染料。春秋时齐国盛产紫草，紫草染色便在齐国盛行，有“齐桓公好服紫”，所以才有了“一国尽服紫”的说法。紫草根含有乙酰胆碱和紫草醌，明矾作为媒染剂染色后，可获得紫红色。

（五）栀子

栀子在秦汉时应用最广的一种黄色颜料。栀子果实中含有的藏红花酸等成分可直接染制鲜艳的金黄色，也可使用媒染剂配合染色，以栀子打底套染红花时也可以提高红花染料的上染速率和鲜艳度。栀子上色均匀，但光照色牢度较差，不耐日晒。宋代以后，部分黄色的染制由槐米代替。《汉官仪》中记载：“染园出栀、茜，供染御服。”这说明当时染宫廷最高级别的服装便是用栀子。古人用酸性来控制栀子染黄色的程度，为了把织物染黄，要在染色时增加醋的用量。马王堆汉墓出土的黄色染织品就是用栀子染色的。图7-4是团队基地求石民宿种植采摘的栀子。

图7-4 栀子（图片来源：湖北宜昌求石民宿拍摄）

（六）槐米

槐树的花蕾称槐米，其所含色素的主要成分也是黄酮类物质，称槲皮黄素。它是一种用于染棉、毛纤维的染料，而且具有鲜艳的颜色和较好的色牢度。据《天工开物》记载，槐黄广泛用于套染油绿色、大红官绿色等。

（七）苏木

苏木（图7-5）是我国古代著名的红色系染料，其色彩要比茜草更鲜亮，而且制作工艺比红花更简单。苏木精含有多个羟基，在水中溶解性好，在不同酸性和碱性环境下表现出不同的红色。自古以来就作为染料广泛使用，称为“苏枋色”。

（八）黄檗（bò）

黄檗（图7-6）为落叶乔木，叶片卵形椭圆状、对生，属于柑橘科。黄檗的树皮很厚，里面是黄色的，雌雄异株，果实呈黑色。染色用的是树皮，黄檗的树皮有两层，一层是没有色素的，一层是含色素的。

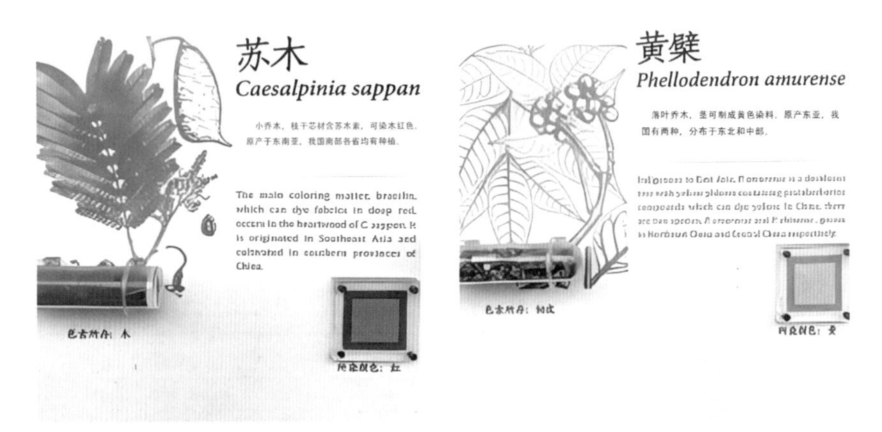

图7-5　苏木（图片来源：中国丝绸博物馆调研拍摄）

图7-6　黄檗（图片来源：中国丝绸博物馆调研拍摄）

（九）姜黄

姜黄（图7-7），又称黄姜、毛姜黄、宝鼎香、黄丝郁，是姜黄属姜科的一种多年生草本植物。在植物界中，含有3%～6%的姜黄素，是一种罕见二酮结构的色素，其色泽明黄，染色效果好，但因其易受阳光的影响，耐晒性较差。

（十）麻栎

麻栎（图7-8），壳斗科栎属植物，富含单宁，铁媒染后得黑色。该种木材为环孔材，边材淡红褐色，芯材红褐色。

（十一）盐肤木

盐肤木（图7-9）又称五倍子树、五倍柴。所谓五倍子，就是一种寄生在盐肤木的蚜

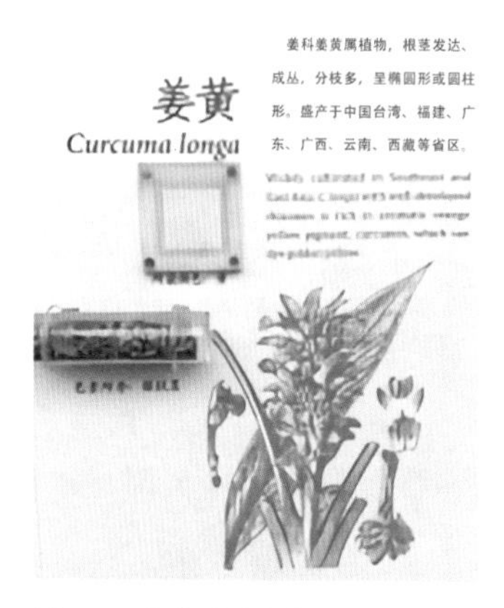

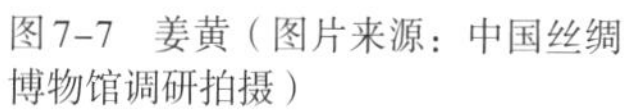

图7-7　姜黄（图片来源：中国丝绸博物馆调研拍摄）

图7-8　麻栎（图片来源：中国丝绸博物馆调研拍摄）

图7-9　盐肤木（图片来源：中国丝绸博物馆调研拍摄）

虫，在其幼枝和叶上形成的虫瘿。虫瘿是寄生生物生活的“房子”，是植物组织在受到昆虫等动物取食或产卵的刺激下，细胞迅速分裂、异常分化而形成的一种畸形瘤状物。染红的部位不是昆虫，而是被虫咬过的部位。这主要是因为被咬的树皮可以生产出单宁物质（又称鞣质，是一种具有多元酚基和羧基的有机化合物）。单宁与铁盐反应后，可以使纤维变成黑色。

三、植物染材色系分类

如此众多的植物染材，所染出来的颜色肯定是不相同的，为了方便记忆，作者用七大色系为不同的染材做了分类，见表7-2。

表7-2　植物染材色系分类

色系	植物染材
蓝色系	蓼蓝、菘蓝、木蓝、马蓝
红色系	茜草、红花、苏木、广玉兰种子
黄色系	栀子、槐米、姜黄、郁金、黄栌、黄檗、银杏、菊花
紫色系	紫草、紫檀（青龙木）、野苋、落葵
绿色系	冻绿及含叶绿素的植物
棕色系	茶叶、杨梅、栎木、栗子果皮、胡桃
灰黑色系	菱、五倍子、盐肤木、柯树、槲叶（槲若），漆大姑、钩吻（野葛）、化香树、乌桕

（一）黄色

黄色是清代宫廷特有的、应用于正式场合的礼吉服用色（图7-10）。染作档案中记载的黄色系色彩有明黄、金黄、杏黄、柿黄、葵黄等。除葵黄色是使用黄柏、明矾染得的高明度黄色之外，其他四种黄色都是由槐米、黄栌以不同比例染得黄至橙色。在实物检测过程中，槐米经常与明度、上染率更高的黄色染料，如姜黄和黄柏套染。

图7-10　黄纱绣彩云金龙纹单朝服（图片来源：中国丝绸博物馆调研拍摄）

（二）红色

红色在五色中代表南方、太阳、火焰，皇帝在祭日时即穿大红朝袍（图7-11）。染作档案中记载的红色系色彩有水红、桃红、鱼红、大红四种，除鱼红为红花和黄柏套染外，其他三种红色都是由红花染得，记载用的物料有红花、乌梅、碱三种。红花染浅色时为偏紫的粉色，经过反复多次浸染可以得到浓艳的大红色。在实物样品的染料检测中发现，除红花外还使用苏木、黄栌、姜黄、黄柏等混合套色。这种方法可以缩短染色工艺流程，也可通过调整染料比例获得色度更广泛的色彩。

图7-11　大红缎织彩云金龙纹皮朝服（图片来源：中国丝绸博物馆调研拍摄）

（三）紫色

染作档案中记载的紫色系色彩有铁色紫、藕荷紫、紫红、青莲紫、真紫色五种，都是由靛青和红花套色而得。《清稗类钞》中曾记载："乾隆中尚玫瑰紫。"由于红花染色布料在碱性溶液中会褪色，紫色套色过程中应先染靛青，再浸入红花染液中染得紫色。然而，在清代丝织品染料检测结果中，紫色往往是苏木与靛青套染，这很可能是因为苏木的染色工艺更加简单，提高了生产效率。

(四)绿色

染作档案中记载的绿色系色彩有官绿、砂绿、豆绿、松绿、水绿、瓜皮绿六种,其中官绿、松绿、瓜皮绿都是由靛青和槐子套色染得,砂绿、豆绿、水绿则是由靛青和黄柏套色。清朝时,官服已经不使用绿色,而多作为日常服装局部点缀。在记载中其中砂绿和水绿两色在档案中记载物料消耗比例完全相同,可能是靛青和黄柏的染色顺序不同,从而形成不同的色相。

在中国丝绸博物馆调研时,作者曾见到《乾隆色谱2.0:清代宫廷丝织品的色彩重建》展览,有大红、鱼红、桃红、水红、金黄、柿黄、杏黄、米色、明黄、葵红、豆绿、松绿、瓜皮绿、水绿、官绿、砂绿、浅蓝、宝蓝、月白、紫红、真紫、青莲紫等,每一种颜色都令人赏心悦目(图7–12)。

图7–12 《乾隆色谱2.0:清代宫廷丝织品的色彩重建》展览(图片来源:中国丝绸博物馆调研拍摄)

各染材由于适应的生活环境天气、气候不同,其分布也各不相同,见表7–3。

表7–3 植物染材地域分布

色系	植物染材	分布
蓝色系	蓼蓝	东北地区、华北地区、陕西、山东、湖北、四川、贵州、广东、广西壮族自治区等
	菘蓝	内蒙古自治区、陕西、甘肃、河北、山东、江苏、浙江、安徽、贵州等
	木蓝	华东地区及湖北、湖南、广东、广西壮族自治区、四川、贵州、云南等
	马蓝	广东、海南、香港、台湾、广西壮族自治区、云南、贵州、四川、福建、浙江等地
红色系	苏木	云南、贵州、四川、广西壮族自治区(右江、郁江以南)、广东、台湾等地有栽培;云南金沙江河谷(元谋、巧家)和红河河谷有野生分布
	茜草	东北地区、华北地区、西北地区和四川北部及西藏自治区昌都地区等
	红花	河南、四川、浙江、新疆维吾尔自治区

续表

色系	植物染材	分布
黄色系	栀子	集中在华东和西南、中南多数地区，如贵州、浙江、江苏、江西、福建、湖北、湖南、四川、陕西南部等地
	槐米	原产我国北部，尤以黄土高原及东北、华北平原最为常见，我国南北各地普遍栽培
	姜黄	产自台湾、福建、广东、广西壮族自治区、云南、西藏自治区等
	郁金	广西壮族自治区、云南、四川等
	黄栌	原产于中国西南地区、华北地区和浙江
	黄檗	黑龙江、吉林、辽宁、河北
	银杏	江苏、山东、浙江、湖北以及广西桂林
	菊花	遍布我国各城镇与农村，尤以北京、南京、上海、杭州、青岛、天津、开封、武汉、成都、长沙、湘潭、西安、沈阳、广州、中山市小榄镇等为盛
	大黄	陕西、甘肃东南部、青海、四川西部、云南及西藏自治区东部
紫色系	紫草	黑龙江、吉林、辽宁、河北、河南、安徽、广西壮族自治区、贵州、江苏等
	紫檀	我国的云南、广东、广西壮族自治区等
	野苋	我国广泛分布（除内蒙古自治区、宁夏回族自治区、青海、西藏自治区）
	落葵	我国长江流域以南各地均有分布，北方少见
绿色系	冻绿	甘肃、陕西、河南、河北、山西、安徽、江苏、浙江
棕色系	栎木	我国吉林、辽宁、陕西以及湖北等地均有分布
	胡桃	我国的西北、华北等地区
	栗子	河北、山东、河南、江苏、安徽、湖北、浙江、广西壮族自治区、贵州等
灰黑色系	菱	我国中南部，尤其江苏、浙江等地栽培面积较大，集中于太湖流域
	五倍子	除东北地区、内蒙古自治区、新疆维吾尔自治区外，其余各省区均有分布
	盐肤木	除东北地区、内蒙古自治区、新疆维吾尔自治区外，其余各省区均有分布
	柯树	江苏、浙江、江西、福建、台湾、湖北、湖南、广东、广西壮族自治区等
	槲叶	我国豫西一带，如卢氏、鲁山、栾川、南召、西峡等少数县的山上，以及陕西南部
	漆大姑	福建、台湾、广东、海南、广西壮族自治区、贵州、云南
	钩吻	江西、福建、台湾、湖南、广东、海南、广西壮族自治区、贵州、云南等
	化香树	甘肃、陕西和河南的南部及山东、安徽、江苏、浙江、江西、福建、台湾、广东、广西壮族自治区、湖南、湖北、四川、贵州和云南
	乌桕	黄河以南各省区，北达陕西、甘肃

四、植物染色方法

（一）素染

素染（图7-13）是利用高温萃取植物汁液，然后加入面料直接加温染色，而不需要加入媒染剂。但是，这种染色方法对植物染材有一定的要求，通常需要选用与纤维亲和力很高的植物，才能得到理想的染色效果。

（二）媒染（图7-14）

由于植物的生长规律和其他因素的原因，并非全部提取的色素都能与纤维有很好的亲和力，所以有些色素不易在织物上染色。因此，这种情况下，需要靠一种叫作媒染剂的介质来实现纤维和色素的结合，这种使色素与纤维产生亲和力而相互结合的方法就称为媒染。媒染剂的主要作用是析色及固色。一般来讲，铁媒染呈现出高级的烟灰色，铝媒染呈现出的色彩明亮鲜艳，铜媒染则表现为普遍的偏红色调。不同媒染剂产生不同的色彩。天然媒染剂有草木灰、醋酸铁（醋+铁钉加温浸泡）、绿矾（天然矿石）、明矾（天然矿石）、贝壳灰（高温碳化）等。天然媒染剂的废料不会对环境产生污染，有一定环保的作用。其中，媒染也分前媒染、后媒染及双重媒染。

图7-13　素染（作者团队实践操作）

图7-14　媒染（作者团队实践操作）

1. 前媒染

前媒染指用水将媒染剂溶化，将面料放进媒染剂中浸泡，取出后拧干再放进染液中染色，视所染面料达到所需色彩浓度即可取出清洗晾干。

2. 后媒染

后媒染指先将面料放进染液中染色，然后放入煤染剂中浸泡，最后清洗晾干即可。

3. 双重媒染

双重媒染是将媒染剂按照一定的比例放入染液中搅拌均匀，然后放入面料染色，染完后取出清洗晾干。

（三）热转印

热转印技术充分利用新鲜植物的叶、茎、花和果实的色素及形状，加上媒染剂进行助染和固色，通过加温或蒸或煮，把植物的色素及形状转移印染在面料上，植物的形态作为自然的寄托得以保留。[102] 热转印技术在复古风服饰风格中十分常见。图7–15展示了利用热转印将植物的叶脉留在围巾上，图7–16展示了利用热转印的方式将尤加利的叶子转印在羊毛面料的围巾上。

图7–15　植物叶脉热转印到围巾上（图片来源：蓝染工坊基地作品）

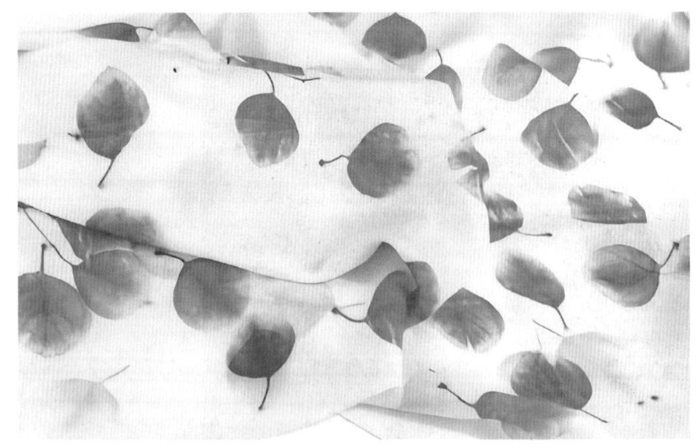

图7–16　尤加利叶子热转印到围巾上（图片来源：青蓝调工作室作品）

（四）植物拓印法

植物拓印（图7–17）是指通过外力敲打，使得面料上留下草叶的轮廓和纹理。植物的形态、颜色各不相同，不同植物形成的脉络纹理也有差异。植物拓染制品，未经大量的媒染剂浸泡，采用最自然的方式，保持了天然的气味，更具有生态性、独特性。[103] 保留原生态植物形态，体现独特的拓印工艺。

图7-17 植物拓印

第二节 矿物染料

矿物染料是人类进入文明社会以来出现最早的染色染料。将采集到的矿物染料磨成粉末，加入黏合剂涂绘在织物上，古称石染，这种染料在新石器时代已经出现。石染染色牢度、颜色纯度等都不如植物染料，随着优质石材染色原料越来越少，也逐渐从人们的视线中消失，一般习惯于将一些有色矿物质作为绘画的颜料，而忽略了其作为织物染料的历史。图7-18是作者在中国丝绸博物馆调研拍摄到的矿物染料，图7-19是兰州交通大学管兰生教授利用矿物染料创作的作品。

图7-18 矿物染料（图片来源：中国丝绸博物馆调研拍摄）

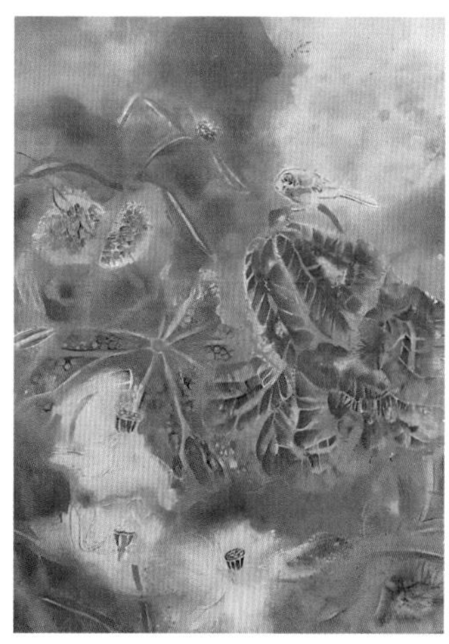
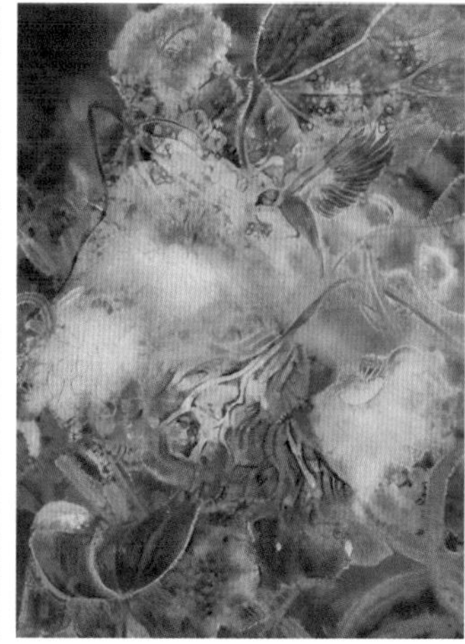
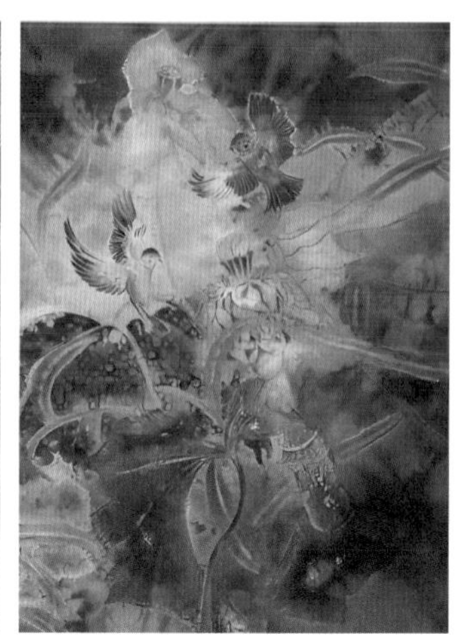

图7-19　管兰生教授矿物染作品（图片来源：草木蓝兮公众号）

一、矿物染料概述

矿物染料多存在于自然界矿石中，以金属氧化物或无机金属盐等形式存在，在绘画、瓷器中常用。在纺织品染色中的使用，可通过一系列研磨手段达到染色目的，操作简单；或在碱性溶液中通过配体交换反应在纤维上形成氢氧化铁；沉淀的方法着色，染色均匀。染色织物具有色彩稳定、覆盖力强、日晒牢度好、不易变色等优点。[104]但是，矿物染料也有缺点，因其以黏附的形式染色所以牢度差，而且矿物质一般都含有杂质，杂质多了则会导致颜色不纯正。

图7-20　黄色（图片来源：中国丝绸博物馆调研拍摄）

二、矿物染料色相分类

（一）黄色

黄色（图7-20）按阴阳学说在五行中属“土”。土为尊，在出土实物中有黄色矿石染色的丝帛。例如，陕西宝鸡茹家庄西周墓出土一批丝织物和刺绣印痕（图7-21），刺绣丝帛的残痕上有红、黄、褐、棕四种颜色，推测红色为朱砂染色，黄色为石黄染色，而褐棕则可能是织物长期在埋藏过程中产生的色变。[105]

（二）红色

人类最早利用的矿石，几乎都是红色（图7-22）。

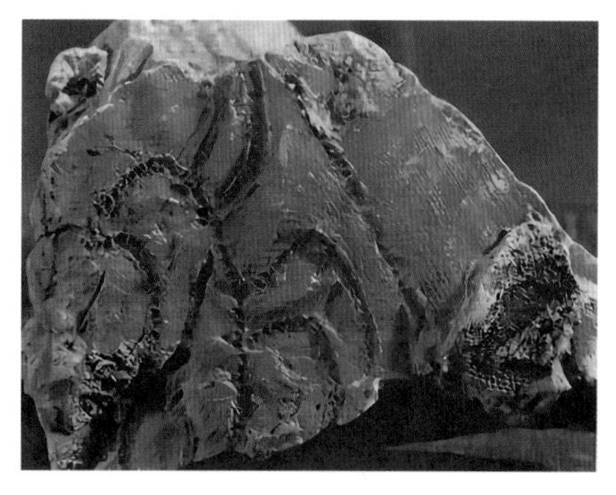

图7-21 陕西宝鸡茹家庄西周墓出土的刺绣印痕（图片来源：中国考古网）

中国社会科学院历史研究所学者对20世纪考古发现的大型古墓出土织物进行初步统计，包括安阳的殷墟妇好墓、长沙的马王堆汉墓、江陵的马山楚墓等，发现有14处古墓出土有朱砂染红色的织物与丝绣。朱砂不但可以在丝帛上染色，也可以在麻布上染色。故宫博物院收藏的商代玉戈，正反两面均留有麻布、平纹绢等织物痕迹，并渗有朱砂。[105]

（三）白色

白色（图7-23）石染矿物染料多用于印花或描绘式的提花，这样的花纹绚丽而突出。1979年，在江西贵溪春秋战国岩墓中发现的苎麻织物，银白色的花纹印在深棕色的苎麻布上。据考古鉴定分析，印花所用的白色涂料为含硅的化合物。其可能是弱酸性的硅酸，且不溶于水，常温下呈固态；也可能是硅酸钾铝的白云母，白云母有着良好的黏附性和丝光泽。长沙马王堆一号汉墓中出土的印花敷彩纱上，光泽晶莹的白色花纹，就是用白云母印制的。[105]白色矿物染料的使用，使纺织品视觉效果更加华丽。

（四）黑色

黑色（图7-24）的条纹是无定形碳制成的墨。黑色的无定形碳主要以松枝、桐油、漆等燃烧后残留的烟炱制成，获得颜料墨时需要在烟炱添加黄明胶、蛋清等，使之能够较好附着在物体表面。[105]

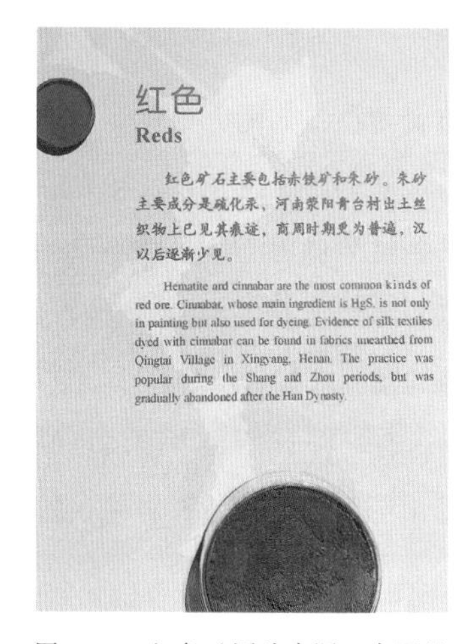

图7-22 红色（图片来源：中国丝绸博物馆调研拍摄）

图7-23 白色（图片来源：中国丝绸博物馆调研拍摄）

图7-24 黑色（图片来源：中国丝绸博物馆调研拍摄）

（五）青色

青色的矿物颜料大多含有铜离子，我国采铜较早。铜类颜料中有空青、石绿（俗称孔雀石）、石青等品种。图7-25是黄铜矿，图7-26是蓝铜矿。

图7-25　黄铜矿（图片来源：2020年武钢博物馆调研拍摄）

图7-26　蓝铜矿（图片来源：2020年武钢博物馆调研拍摄）

第三节　动物染料

动物染料属于天然染料的一个类别，但占比较少，以紫胶虫、胭脂虫等为主。另外提取动物分泌的液体，如墨鱼汁、骨螺液等，经过处理后也可染出缤纷的色彩。

一、胭脂虫

胭脂虫又名“呀兰虫”，是一种寄生在仙人掌上的珍贵经济资源昆虫（图7-27）。胭脂虫的雌虫体内存在一种蒽醌色素，名为“胭脂（虫）红酸”，是优质的蒽醌类色素，可生成胭脂红，成熟的雌性胭脂虫干体（图7-28）含有的胭脂红酸占干体质量的19%～24%，但雄性成虫体内的胭脂红酸含量却极低。[106]在中国丝绸博物馆有一件18世纪丝质质地的胭脂虫染红织锦（图7-29），色泽鲜艳，质地精美。

图7-27　仙人掌上的胭脂虫

胭脂虫以吸食仙人掌韧皮内的汁液为

食，摄取糖分和部分氨基酸等营养物质。因此，胭脂虫（尤其是野生胭脂虫）也被视为仙人掌的主要害虫。

胭脂虫作为生产色素的原料，其商业价值与颜色质量息息相关，通常颜色质量被理解为颜料含量，即胭脂虫红中色素分子的含量越高，该染料的市场价值也越高。

胭脂虫红，又称“胭脂红酸”“洋红酸”，是一种从干燥的雌性D. coccus（已知胭脂虫中体型最大的一种）体中提取出的唯一被FDA（Food and Drug Administration，美国食品药品监督管理局）允许可同时在食品、药品、化妆品中添加的天然色素，具有强烈的色泽度和极高的色牢度，是世界上最珍贵的天然红色染料，胭脂虫红结构式如图7–30所示。这种稀有且昂贵的天然染料，16世纪以前被广泛应用于纺织品中。目前，胭脂虫红仍作为一种重要的红色染料应用于纺织品、食品、饮品、化妆品、准药品以及医药品中。随着社会经济的发展，天然色素的利用越来越多，其用量也必将越来越大。[107]

图7–28 胭脂虫干体

图7–29 胭脂虫染红织锦（中国丝绸博物馆调研拍摄）

CH_3 O OH
HOOC glucose
HO OH
O OH

图7–30 胭脂虫红结构式

二、紫胶虫

紫胶虫（图7–31）是一种重要的资源昆虫，主要寄生于牛肋巴、秧青、泡火绳、三叶虫及大青树等两百余种树木，吸取寄生树木的汁液，雌虫通过腺体分泌出一种纯天然的树

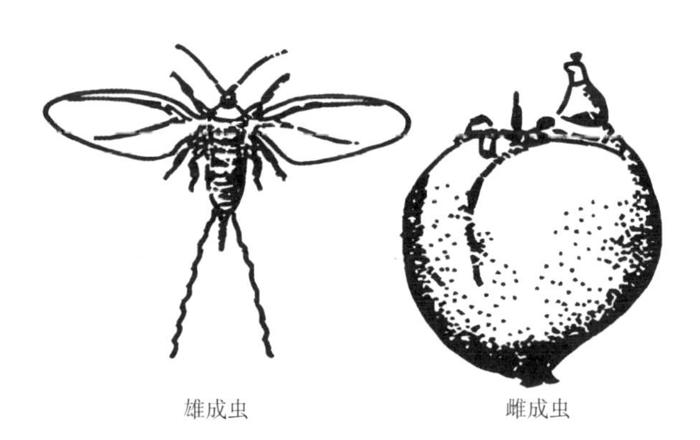

图7-31　紫胶虫

脂——紫胶。紫胶又称“胡胭脂”“紫矿”“紫铆”“紫铲”等，主要成分为罂子桐酸和三环萜烯酸。雄虫不分泌紫胶。

关于动物染料还有其他种类，此章节就以介绍胭脂虫和紫胶虫为重点。

第四节　染色实践

一、靛蓝栀子实践

（一）材料

靛蓝栀子染色实践，材料见表7-4。

表7-4　靛蓝栀子染色材料

器具	数量	器具	数量
不锈钢锅（直径约36~38厘米）	1个	滤网	2个
玻璃棒	2支	滤布	2块
炉子	1个	晒衣竿	1根
磅秤	1台	耐热手套	2副
量桶	2个	橡胶手套	2副
塑料水桶	4只	白色塑料绳	5米
水瓢	2只	栀子、蓝靛泥	若干

（二）实践过程

（1）水中加入栀子煮30分钟。

（2）等温度升至50℃，放入布料10～20分钟捞出。

（3）放入加有白矾的水中进行提亮。

（4）清洗染好的布料洗掉浮色。

（5）打开绳结，展开布料，晾干即可。注意不要暴晒，否则容易脱色。

（三）成品效果

靛蓝栀子染色成品，如图7-32所示。

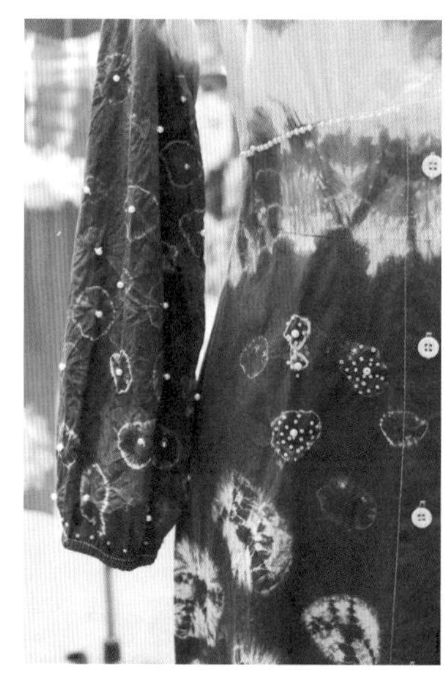

图7-32 靛蓝栀子染色成品（图片来源：课堂实践）

二、核桃皮染色实践

（一）材料

核桃皮染色实践，材料见表7-5。

表7-5 核桃皮染色材料

器具	数量	器具	数量
不锈钢锅（直径约36～38厘米）	1个	晒衣竿	1根
玻璃棒	2支	耐热手套	2副

续表

器具	数量	器具	数量
磅秤	1台	橡胶手套	2副
塑料水桶	4只	白色塑料绳	5米
水瓢	2只	皂矾	1.5克
滤网	2个	核桃皮	若干
滤布	2块		

（二）实践过程

（1）将染料（核桃皮）洗净，切碎浸泡于4升常温清水中4～6小时后，加热煮20分钟，用布过滤得到第一桶染液，根据需要反复得到2～3遍染液混合一起。

（2）将处理好的染坯充分浸水后放入染液中，浸染10～20分钟。

（3）将媒染剂（皂矾1.5克）加入1升温水中，加热至完全溶解，再加入4升温水，搅拌均匀制成媒染液。第一遍浸染完成的染坯，清水洗去浮色，进行15分钟媒染。

（4）媒染完成后的染坯进行水洗，将染液加温后，再将染坯放入染液中浸染10～20分钟，然后充分水洗并晾干。

（三）成品效果

核桃皮染色成品，如图7–33所示。

图7–33　核桃皮染色成品（图片来源：课堂实践）

三、黑豆壳染色实践

（一）材料

黑豆壳染色实践，材料见表7-6。

表7-6 黑豆壳染色材料

器具	数量	器具	数量
不锈钢锅（直径约36～38厘米）	1个	滤网	2个
玻璃棒	2支	滤布	2块
炉子	1个	晒衣竿	1根
磅秤	1台	耐热手套	2副
量桶	2个	橡胶手套	2副
塑料水桶	4只	白色塑料绳	5米
水瓢	2只	黑豆壳、铁浆水	若干

（二）实践过程

（1）黑豆皮洗净后放入锅中，加入等比例的水，开火煮至黑豆皮变软烂，过滤出染液。

（2）被染物先浸泡清水，加温煮10分钟，清水漂洗，拧干、打松后投入染液中染色，用玻璃棒或竹筷加以搅拌，煮染的时间约为染液煮沸后再降温保持30分钟。

（3）从染液中取出被染物，将水分拧干放入铁浆水中约30分钟，再放入原染液中染色30分钟，并加入食盐固色。

（4）将染物取出水洗、晾干并整理熨烫。

（三）成品效果

黑豆壳染色成品，如图7-34所示。

图7-34 黑豆壳染色成品（图片来源：课堂实践）

四、黄檗染色实践

（一）材料

黄檗染色实践，材料见表7-7。

表7-7　黄檗染色材料

器具	数量	器具	数量
天然纤维布料	若干	炉子	1个
容量约100升的水桶	2个	晒衣竿	1根
橡胶手套	2副	白色塑料绳	5米
麻线	3米	剪刀	1把
木头长棍	若干	黄檗	若干
不锈钢锅（直径约36～38厘米）	1个		

（二）实践过程

（1）将布料放入盆中，用凉水浸湿，让颜色渗透。

（2）在锅中倒入能没过布料的水，煮沸后放入盐、染料和布料。调小火继续煮20分钟。每隔5分钟将其翻一下。想要达到发旧的效果，煮得时间短一点，想要鲜艳的效果，要煮得时间长一点。

（3）清洗染好的布料洗掉浮色。

（4）展开布料，晾干即可。注意不要暴晒，否则容易脱色。

（三）成品效果

黄檗染色成品，如图7-35所示。

图7-35　黄檗染色成品（图片来源：课堂实践）

五、莲子壳染色实践

（一）材料

莲子壳扎染实践，材料见表7-8。

表7-8 莲子壳扎染材料

器具	数量	器具	数量
煮锅	1个	碳酸钠	100克
吹风机	1个	皂矾	100克
电炉	1台	盆	1个
玻璃棒	1支	莲子壳	500克
白色棉布	2米	水	若干
植物染料	若干		

（二）实践过程

（1）将60克莲子壳倒入装有150毫升水的锅里，加热。

（2）将皂矾倒入一个装满水的盆里，搅拌。

（3）将扎染织物用水浸透，挤干放入煮沸的锅中染色，染10分钟后放入皂矾再染20分钟，加入碳酸钠固色30分钟。染色完毕取出试样，冷水搓洗至不掉色，用95℃热水洗3遍，每次3分钟，热水淹没布面即可，洗时要搅拌，冷水冲洗，晾干或烘干，拆除缝线。

（三）成品效果

莲子壳扎染成品，如图7-36所示。

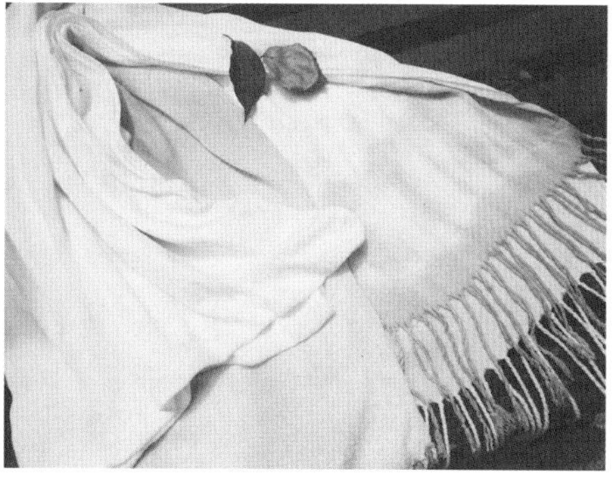

图7-36 莲子壳扎染成品（图片来源：课堂实践）

六、茜草染色实践

（一）材料

茜草染色实践，材料见表7-9。

表7-9　茜草染色材料

器具	数量	器具	数量
不锈钢锅（直径约36～38厘米）	1个	滤布	2块
玻璃棒	2支	晒衣竿	1根
炉子	1个	耐热手套	2副
磅秤	1台	橡胶手套	2副
塑料水桶	4只	白色塑料绳	5米
水瓢	2只	茜草、洗衣粉	若干
滤网	2个		

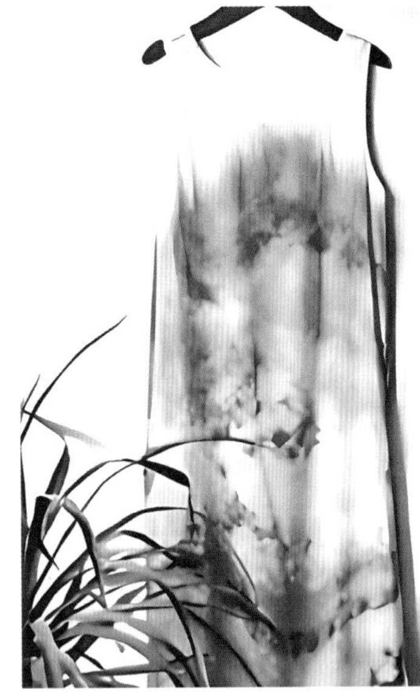

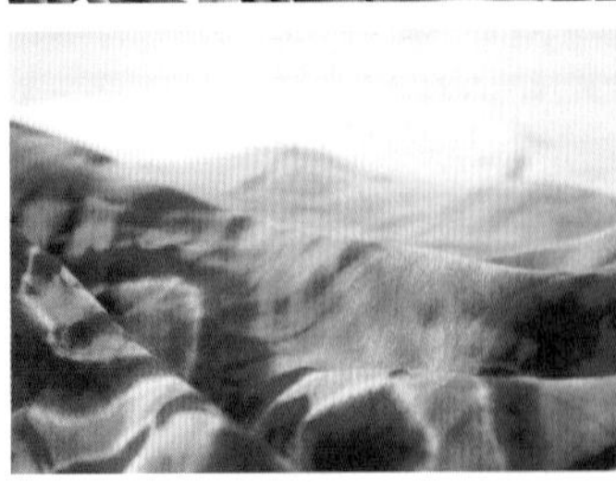

图7-37　茜草扎染成品（图片来源：课堂实践）

（二）实践过程

（1）将布料加入有洗衣粉或是小苏打的沸水中煮10～20分钟，除去油脂和杂质的布料，再用水充分清洗后晒干备用。

（2）准备媒染剂，视所需染的颜色决定媒染剂的用量，用量为布料重的3%～5%。

（3）将布料浸泡约20分钟。

（4）将茜草按比例加水，然后大火煮沸1～2小时至泡沫呈红色，加入柠檬酸，过滤取汁，再重复煮染，取得3次混合液后，加入布料煮染20～30分钟，取出洗净晾干即可，可重复染色。

（三）成品效果

茜草扎染成品，如图7-37所示。

七、苏木染色实践

（一）材料

苏木染色实践，材料见表7-10。

表7-10　苏木染色材料

器具	数量	器具	数量
面料	3米	手针	2根
牛仔线	3米	牛皮纸	3米
染锅	1个	夹子	若干
水盆	2个	苏木	若干
电炉子	1台	明矾	若干
剪刀	1把		

（二）实践过程

（1）将切碎的苏木加水煮沸约30分钟后将染液过滤另外存放，再次将苏木煮约30分钟，然后将两次染液混合一起。

（2）将扎好的布料放入水中浸泡20分钟后投入染液中加热煮沸约半小时。

（3）调制媒染剂，媒染剂用明矾兑1000毫升的温水溶解即可。

（4）染色半小时后将布料从染液中捞出，投入配置好的媒染剂中浸泡半小时。

（5）取出面料进行漂洗。

（6）将布料晾到半干后拆线，阴干，熨烫平整即可。

（三）成品效果

苏木染色成品，如图7-38所示。

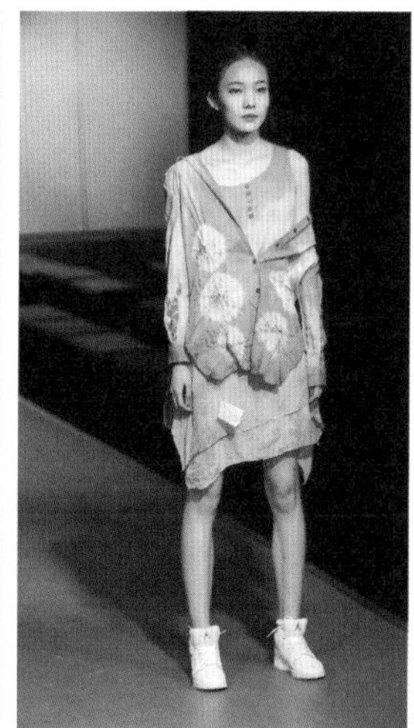

图7-38　苏木染色成品（图片来源：课堂实践）

八、五倍子染色实践

（一）材料

五倍子染色实践，材料见表7–11。

表7–11　五倍子染色材料

器具	数量	器具	数量
不锈钢锅（直径约36～38厘米）	1个	滤布	2块
玻璃棒	2支	晒衣竿	1根
炉子	1台	耐热手套	2副
磅秤	1台	橡胶手套	2副
塑料水桶	4只	白色塑料绳	5米
水瓢	2只	五倍子、醋酸铁	若干
滤网	2个		

（二）实践过程

（1）将五倍子煮沸，过滤出染料溶液，将面料浸湿，放入染料液中20分钟。

（2）向水中加入30毫升醋酸铁，放入染好的面料，静置15分钟固色。

（3）取出面料进行漂洗。

（4）将面料吹到半干后阴干，熨烫平整即可。

（三）成品效果

五倍子染色成品，如图7–39所示。

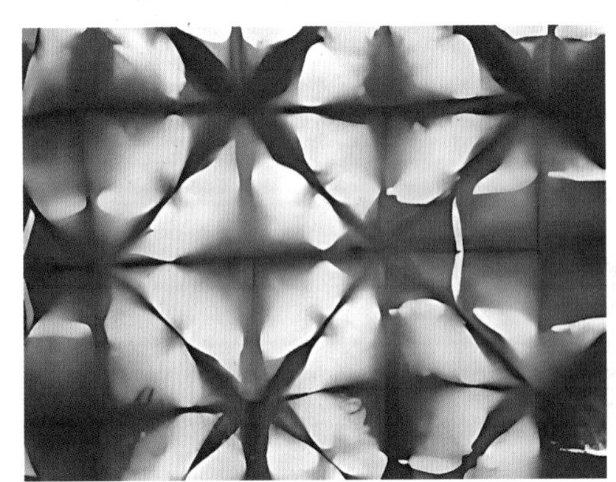

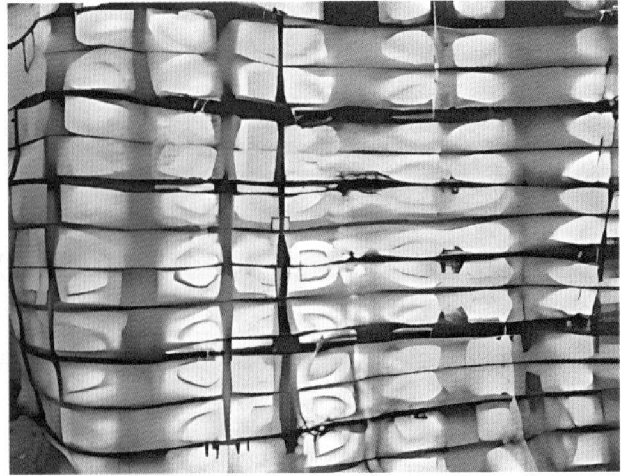

图7–39　五倍子染色成品（图片来源：课堂实践）

九、拓印实践

（一）材料

拓印实践，材料见表7-12。

表7-12 拓印材料

器具	数量	器具	数量
汁多色鲜的花草	若干	镊子	2支
白色布	3米	剪刀	2把
纸巾	若干	锤子	2把
垫板	2块	丙烯酸喷雾	1瓶

（二）实践过程

（1）修剪花叶，放到布上，盖上纸巾或布或保鲜膜。

（2）用锤子平头从上至下，从下至上反复敲打，敲到植物的每一个部位，至有完整的植物图样。

（3）剥离植物。

（4）喷上丙烯酸喷雾作为防护层。

（三）成品效果

拓印成品，如图7-40所示。

图7-40 拓印成品（图片来源：课堂实践）

第五节　植物印染服饰设计作品训练

作品名称：水纹蓝印花布裙装
面料染材：棉质面料、蓝靛、灰缬工艺
设计制作：8学时
成果展示：模特邱天（静态或动态）
图片来源：课堂实践

作品名称：水波纹植物染色服饰
面料染材：棉质面料、五倍子、薯莨
设计制作：8学时
成果展示：模特邱天（静态或动态）
图片来源：课堂实践

作品名称："蓝天白云"扎染服装
面料染材：棉质面料、蓝靛、薯莨、绞缬工艺
设计制作：8学时
成果展示：模特邱天（静态或动态）
图片来源：课堂实践

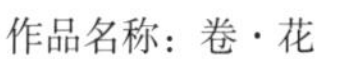

作品名称：卷·花
面料染材：棉质面料、蓝靛、灰缬工艺
设计制作：8学时
成果展示：模特邱天（静态或动态）
图片来源：课堂实践

作品名称：扎染无袖连衣裙
面料染材：棉质面料，蓝靛、绞缬工艺
设计制作：8学时
成果展示：模特邱天（静态或动态）
图片来源：课堂实践

作品名称：衣服上的字（灰缬连衣裙）
面料染材：棉质面料，蓝靛、灰缬工艺
设计制作：8学时
成果展示：模特邱天（静态或动态）
图片来源：课堂实践

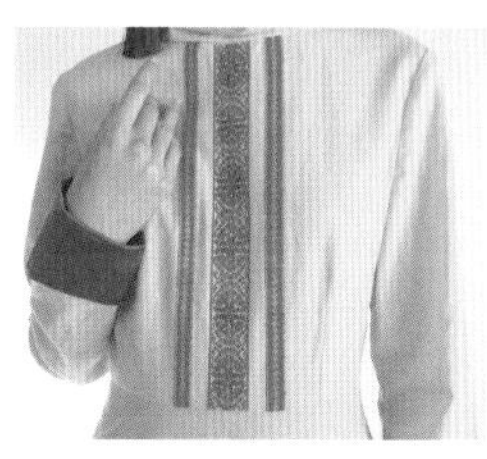

作品名称：栀子染女装
面料染材：棉质面料，栀子、花瑶桃花
设计制作：8学时
成果展示：模特邱天（静态或动态）
图片来源：课堂实践

作品名称：植物纹样印染女装
面料染材：数码印花、涤纶、蓝靛、数码印染、灰缬工艺
设计制作：8学时
成果展示：模特月月（静态或动态）
图片来源：课堂实践

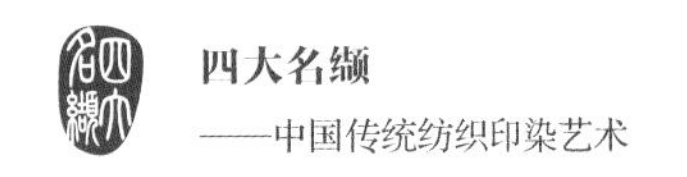

思考题

1. 谈一谈对于中国传统植物染料的认识。

2. 分小组体验靛蓝、苏木、五倍子等染色工艺。

第八章 中国传统印染传承与创新应用

第一节　家纺产品

传统印染工艺有多种染色方法，其操作过程秉承传统的工艺程序，花型纹样十分别致，非常符合目前大众追求自然回归的生活消费心态，将传统印染技艺应用于现代家用纺织品设计开发，拓宽了家纺产品的设计领域。同时对传统印染技艺的传承、保护和创新也有积极意义。[108]

图8-1～图8-5为印染家纺产品展示图。

图8-1　团队实践（图片来源：课堂实践）

图8-2 蓝染工坊作品（图片来源：湖北蓝染文化产业基地提供）

图8-3　贵州榕江月亮故乡作品（图片来源：贵州榕江月亮故乡纺大染语基地提供）

图8-4　青蓝调染坊作品（图片来源：湖北蓝染文化产业基地提供）

图8-5

图8-5　染友作品（图片来源：染友提供）

第二节　服装产品

传统植物印染的天然特性符合人们追求环保健康生活方式的需求，也符合纺织服装产业生态绿色的未来发展趋势。伴随消费者对偶氮和联苯胺等合成染料危害认知的不断增强，传

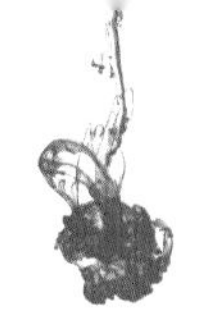

统印染在服装领域的应用有更好的前景，尤其在推动服装产业的良性循环，能够让古老的植物染技艺在新的时代背景下焕发生机与活力。[111]

随着现代化工业生产的快速发展，近些年，由于人们在生活方式方面的改变，对生活质量的高要求使得手工印染业开始回暖，各种交流方式让手工艺者开始主动接触市场，各种传统手工艺在现代化的生活中又重新展露勃勃生机，并逐渐促成一种新的商业业态——手工体验染坊，这种方式在现代化生活中越来越受到推崇。成为人们日常休闲、亲子活动的首选非遗项目。

手工印染作为传统手工艺的一种，其鲜明的色彩与无穷无尽的变化，不断吸引着设计师与消费者，让它重新回归到服装制作的环节中。在“个性化”首当其冲的多元潮流时尚中，手工印染独一无二地当然不能缺失。[112]

在手工印染服饰产品设计中，应当更新传统的服饰品设计观念，在设计印染图案纹样时，要把时代性以及现代理念与传统的手工印染技艺进行结合，并融合当代人的审美，使设计的服饰品印染纹样能够满足现代人的需求。如蝴蝶花、小圆菊、葫芦花、十字花等均可以应用印染工艺完成，例如，以花为设计题材，将其作为纹样的主体，优化服饰工艺品面料设计方案；还可以从设计工艺品的灵感来源、印染纹样创作思路以及工艺品的表现手法等方面，将传统的手工印染工艺创新应用于现代的服饰品设计之中，使设计出的服饰品更具艺术美感。[113]图8-6～图8-27武汉纺织大学“纺大染语”品牌印染服装产品展示图。

图8-6　云染扎花中式女装（图片来源：纺大染语工作室提供）

图8-7　水纹蓝印云染拖地女礼服（图片来源：纺大染语工作室提供）

图8-8　斜纹扎花蝴蝶袖高腰女长裙（图片来源：纺大染语工作室提供）

图8-9　团花蓝印背心开衩女长裙（图片来源：纺大染语工作室提供）

图8-10 无袖荷叶边七分裤女套装（图片来源：纺大染语工作室提供）

图8-11 蝴蝶蓝印阔腿裤女装（图片来源：纺大染语工作室提供）

图8-12 云纹蓝印大翻领侧开衩女筒裙（图片来源：纺大染语工作室提供）

图8-13　八角花蓝印中式大翻领阔袖长大衣（图片来源：纺大染语工作室提供）

图8-14　菊花蓝印拖地女长裙（图片来源：纺大染语工作室提供）

图8-15　吊带蓝印紧身鱼尾裙（图片来源：纺大染语工作室提供）

图8-16 不规则蓝染刺绣领拖地长裙（图片来源：纺大染语工作室提供）

图8-17 不规则洋葱皮染军旅风套装（图片来源：纺大染语工作室提供）

图8-18 蓝印小披肩圆领两件套裙装（图片来源：纺大染语工作室提供）

图8-19　针缝扎花图案蓝染套裙（图片来源：纺大染语工作室提供）

图8-20　如意纹蓝印长款开襟女风衣（图片来源：纺大染语工作室提供）

图8-21　水波纹捆扎蓝染女套装（图片来源：纺大染语工作室提供）

图8-22 玉兰花纹蓝印拼接双层外套（图片来源：纺大染语工作室提供）

图8-23 艾草染交衽不对称衬中式女裙（图片来源：纺大染语工作室提供）

图8-24 休闲蓝染暮莨染拼接女裙（图片来源：纺大染语工作室提供）

图8-25　水纹捆扎蝴蝶结长裙（图片来源：纺大染语工作室提供）

图8-26 天门蓝印花布创新服装系列设计《楚韵遗风》(图片来源：纺大染语工作室提供)

图8-27 《创意手工印染》课程课堂练习作业（图片来源：课程阶段性实践）

第三节 文创产品

文化创意产品，兼具文化、创意与实用性为一体，在当下备受关注。传统印染文创产品拥有很大的市场潜力，只有在深入了解传统印染所包含的文化底蕴的基础上，结合现代印染技术，才能制作出既满足消费者的个性化需求，又能呈现传统文化之美与现代结合的印染文创产品。[114] 图8-28为印染文创产品展示图。

图8-28
（图片来源：染友以及纺大染语工作室提供）

蓝染手拿包　木提手蓝染刺子绣手提包　木提手刺绣圆包　蓝染手拿包

图8-28　印染文创产品展示图（图片来源：染友提供）

思考题

分小组讨论一个系列主题下的服装、家纺、文创染品设计方案，并完成设计实践不少于一个系列四套的染品实物作业。

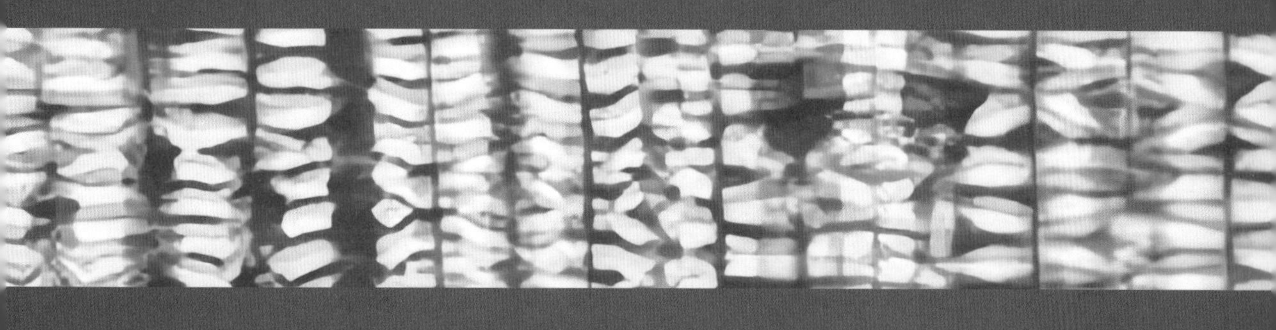

第九章

中国传统染缬课堂习作赏析

第一节 个人创作

一、几何图案染色

几何形图案的染色练习是在基础性扎法中最常见的。适合于面料、服装、服饰的表现（图9-1～图9-4）。

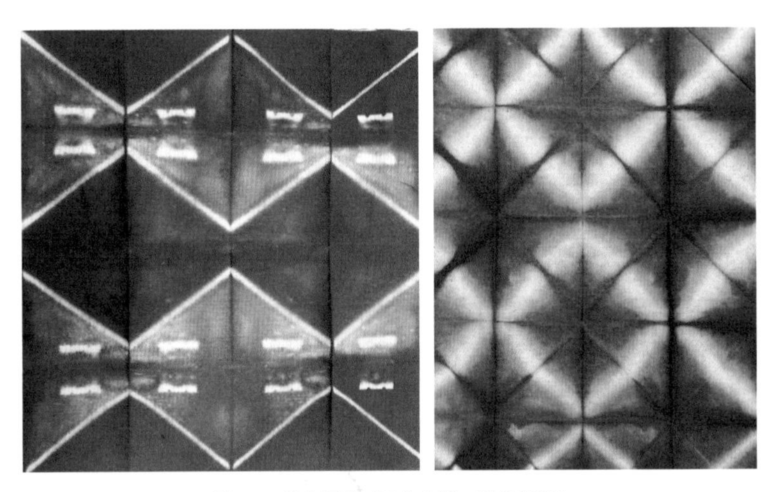

图9-1 线状捆扎（图片来源：课堂实践）

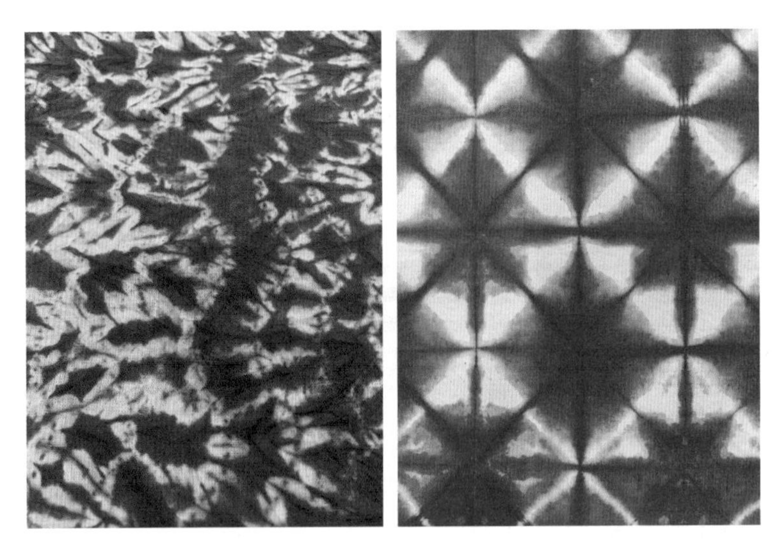

图9-2 面、线捆扎（图片来源：课堂实践）

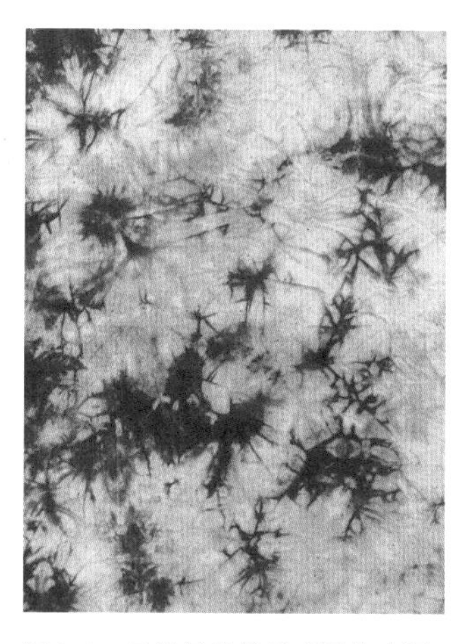

图9-3 云染效果捆扎（图片来源：课堂实践）

图9-4 圆圈捆扎（图片来源：课堂实践）

二、人物、动物图案染色（图9-5~图9-21）

图9-5

图9-5　人物扎染（图片来源：课堂实践）

图9-6　动物扎染（图片来源：课堂实践）

三、植物、动物、景物图案染色

图9-7　花卉扎染（图片来源：课堂实践）

图9-8　风景扎染（图片来源：课堂实践）

图9-9　文字扎染（图片来源：课堂实践）

四、服装作品

图9-10 手染包（图片来源：课堂实践）

图9-11 手染女士T恤（图片来源：课堂实践）

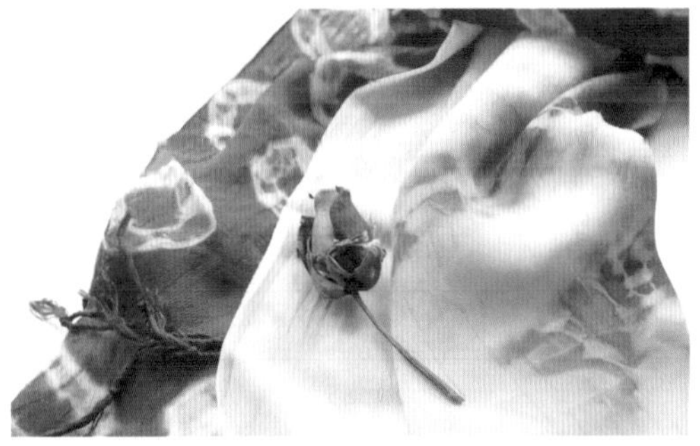

图9-12　苏木染色围巾（图片来源：课堂实践）

图9-13　靛蓝染色围巾（图片来源：课堂实践）

图9-14　蓝染围巾（图片来源：课堂实践）

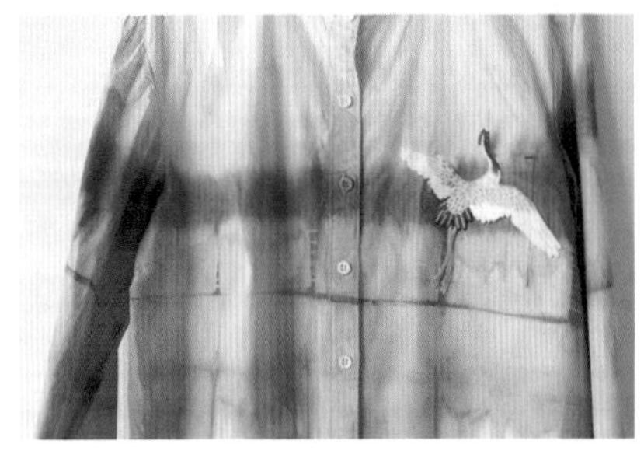

图9-15　红花染色衬衣（图片来源：课堂实践）

图9-16　红花染色半裙（图片来源：课堂实践）

图9–17　五倍子染色服饰（图片来源：课堂实践）

图9-18

图9-18 直接染料染色服饰（图片来源：课堂实践）

图9-19 紫草染色服饰（图片来源：课堂实践）

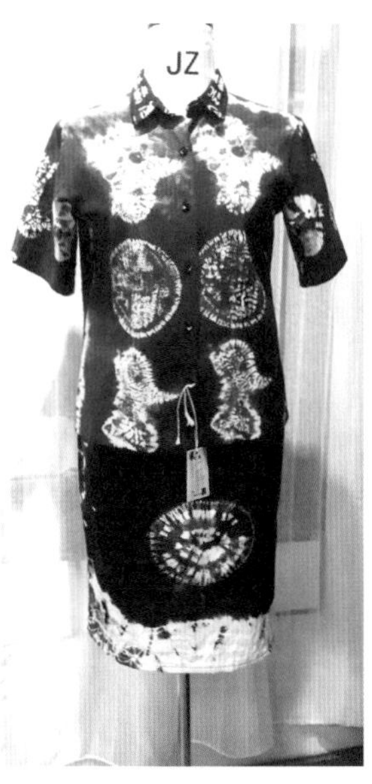

图9-20 基础扎染针法训练（图片来源：课堂实践）

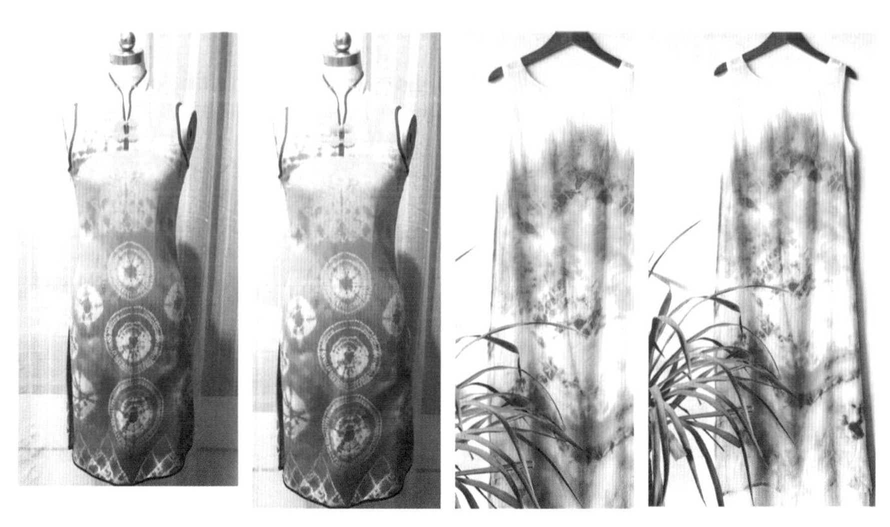

图9-21　基础染色方法训练（图片来源：课堂实践）

第二节　主题系列

主题性染品训练环节是课程最后一个环节，针对有主题内容的要求而进行的系列性服装与服饰作品的实操环节。有助于训练学生对于染品的设计、染色、制作全流程的综合能力的锻炼。以下图例为《创意手工印染》课程教学实践学生作品案例（图9-22～图9-40）。

主通：落日余晖

设计说明：灵感来源于一张黄昏日落图，“落霞与孤鹜齐飞，秋水共长天一色”。阳光映射下的彩霞与小鸟一起飞翔，运远望去，山水似乎和天空连在了一起。从中提取黄色、橙色、红棕色作为扎染的颜色，体现光晕层层递进的视觉。构图上围巾和T恤采用大面积的分割营造山蜿蜒起伏的形状，丝巾则借鉴小鸟的图案。手法上围巾和T恤采用帽子扎法和波纹扎法以及捆绑法，丝巾采用针键法和帽子扎法。

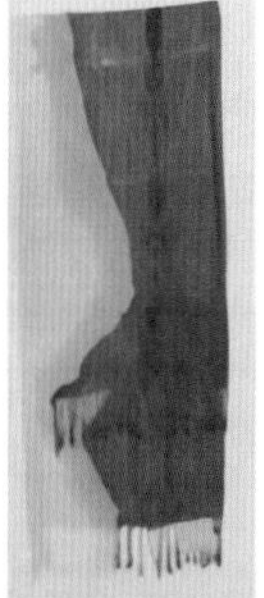

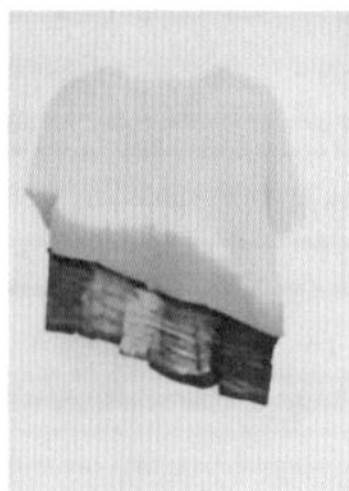

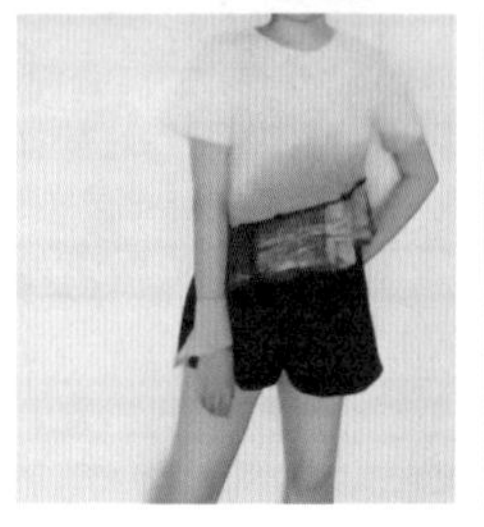

针织11701 张伊梦

图9-22　主题：落日余晖（图片来源：课堂实践）

图9-23　主题：星辰大海（图片来源：课堂实践）

图9-24　主题：细胞（图片来源：课堂实践）

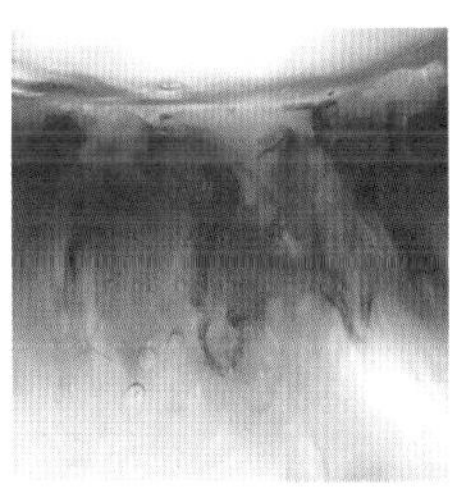

灵感来源：这张图片是一种水母的特写——僧帽水母，其表面像水母，其实是一个包含水螅体及水母体的群落，互相紧扣，不能独立生存。

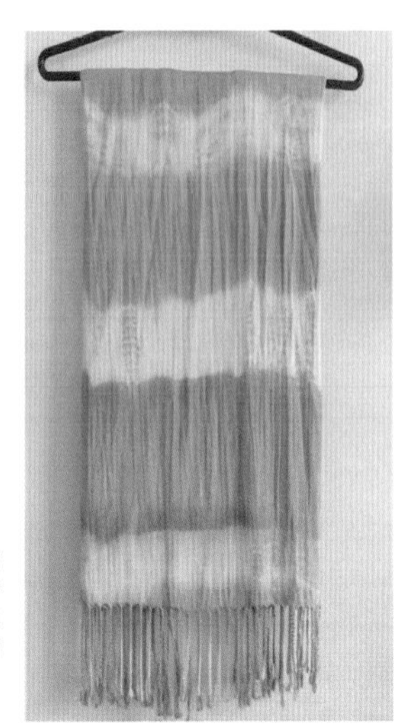

方巾：方巾的图案原型参考蝴蝶，放空思维后创作如下图案。扎染基础上选用半设计，一半疏、一半密，灵活运用设计感。

自然生物相互依存，启发这一奇妙主题。僧帽水母是关键的灵感源。生物互存的奇妙，体现自然的浪漫与神秘，灵动的色彩使人止不住幻想，表现出一种梦幻般的魅惑。运用扎染灵活调色，采用包扎等技法，色彩上以三色结合，巧妙的色彩比例与衔接呈现生物互存的微妙。

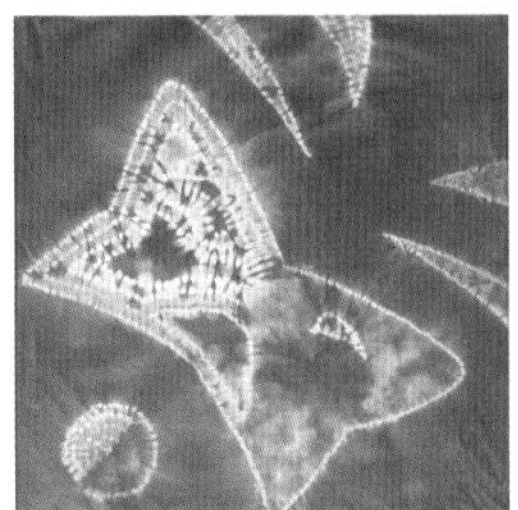

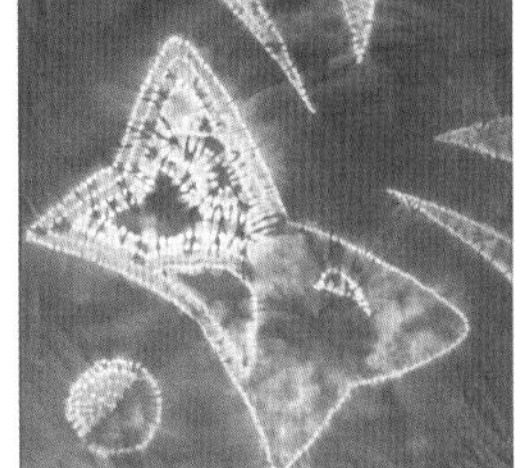

制板11701 胡邵飞

图9-25 主题：生存（图片来源：课堂实践）

图9-26 主题：彩虹派（图片来源：课堂实践）

图9–27 主题：粉色天空（图片来源：课堂实践）

图9–28 主题：蒲公英的回忆（图片来源：课堂实践）

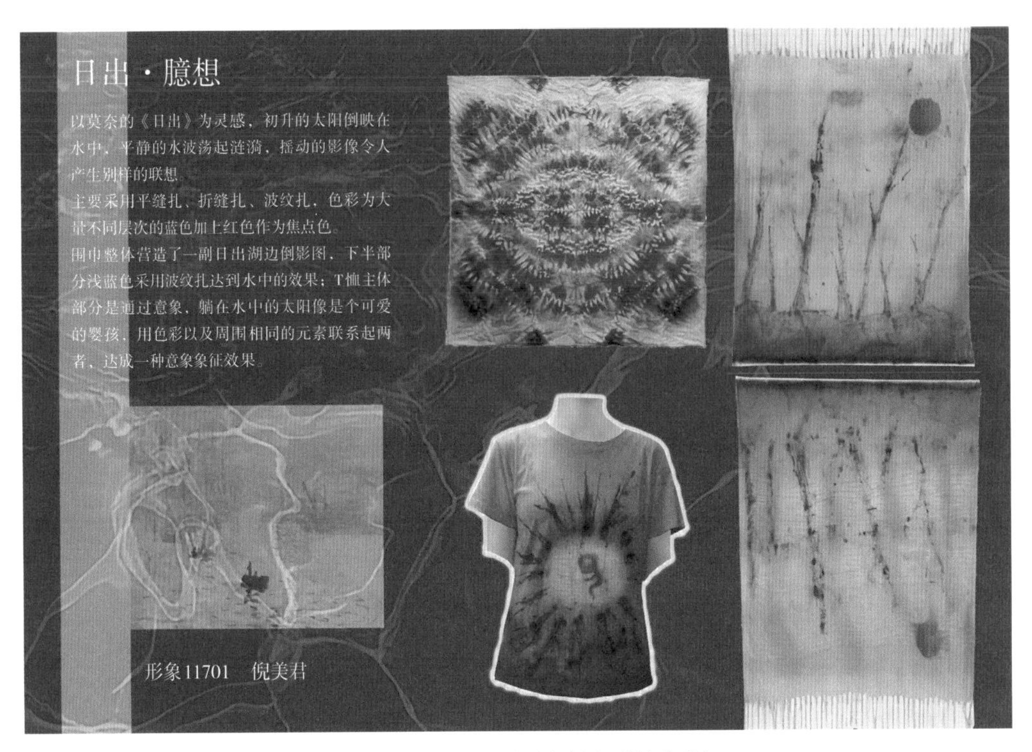

图9-29　主题：臆想（图片来源：课堂实践）

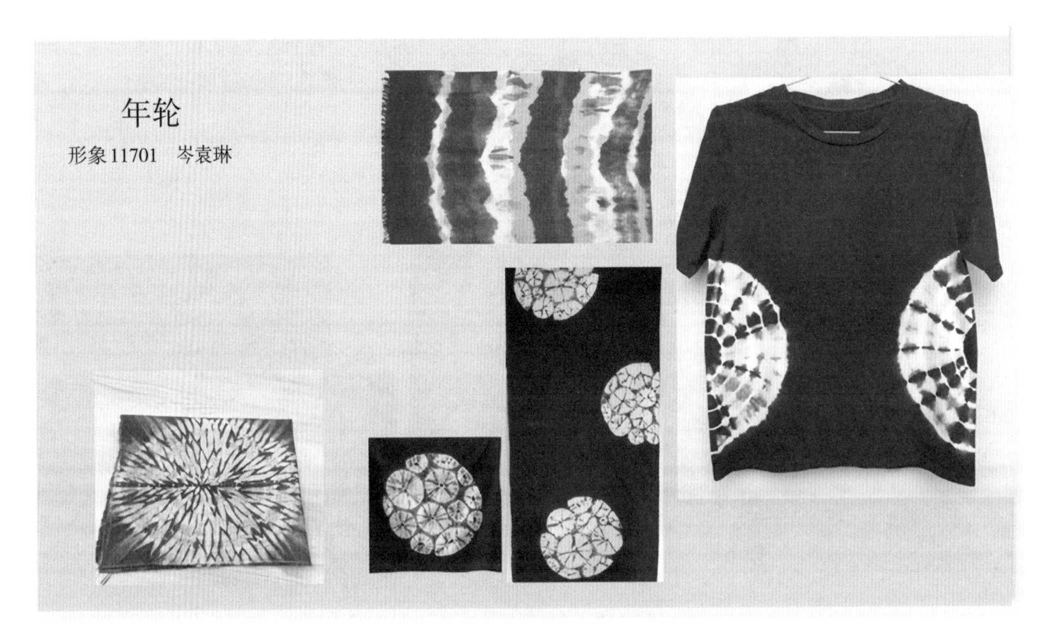

图9-30　主题：年轮（图片来源：课堂实践）

图9-31 主题：落日余晖一（图片来源：课堂实践）

图9-32 主题：落日余晖二（图片来源：课堂实践）

图9-33　主题：海边落日（图片来源：课堂实践）

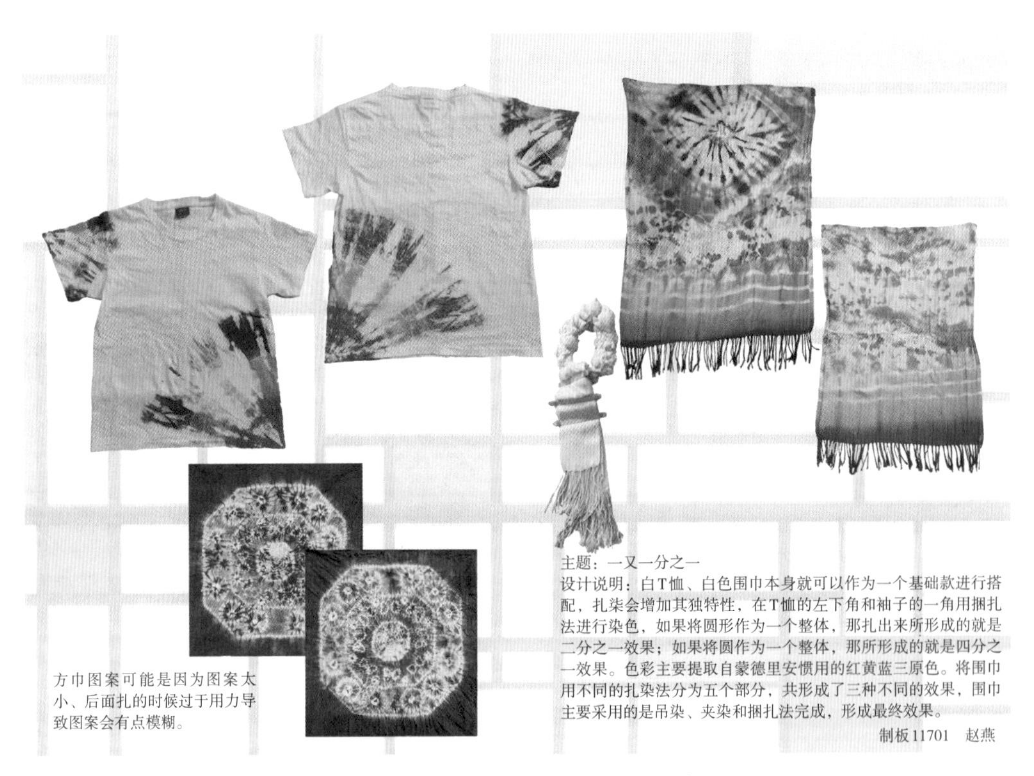

图9-34　主题：一又一分之一（图片来源：课堂实践）

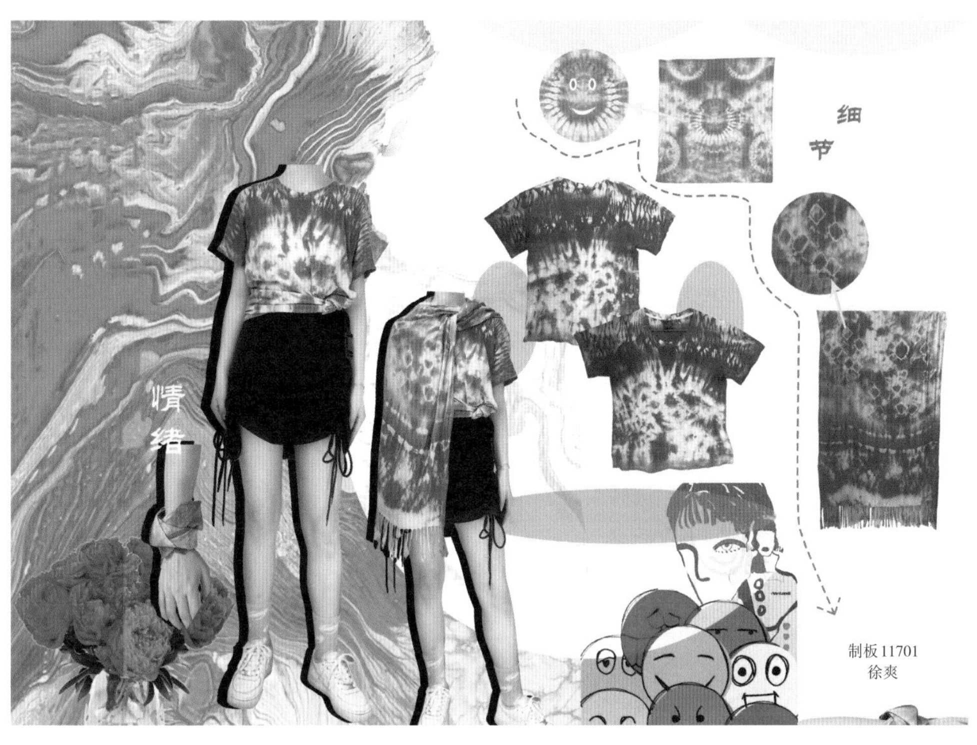

图9-35 主题：情绪（图片来源：课堂实践）

图9-36 主题：乡口儿（图片来源：课堂实践）

图9-37　主题：暴风雨后的晴天（图片来源：课堂实践）

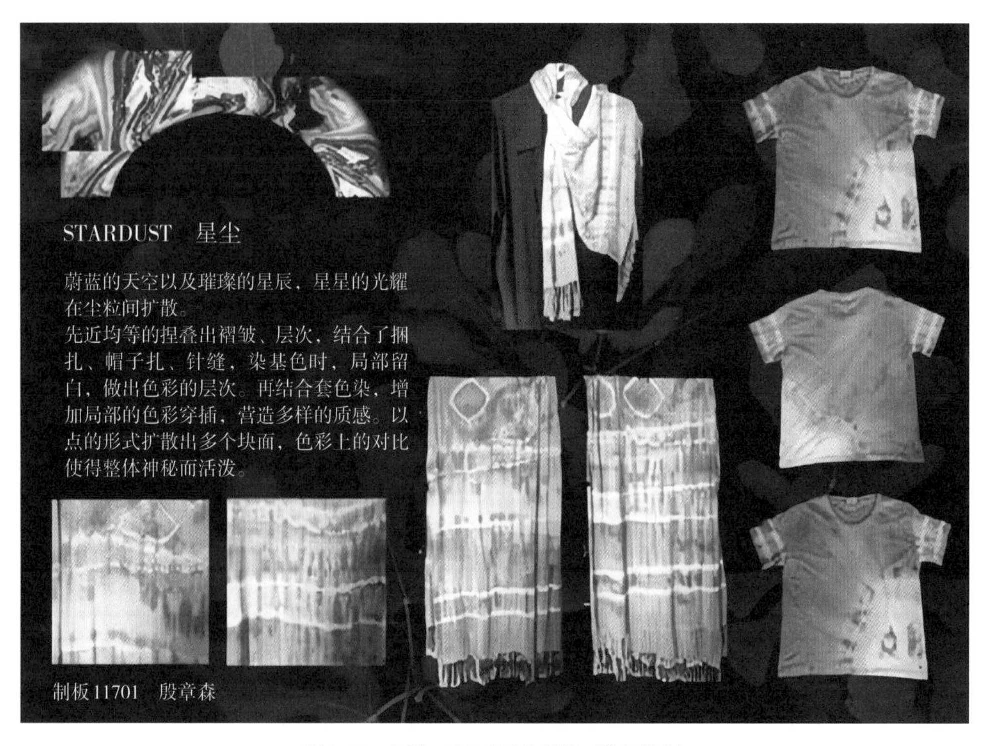

图9-38　主题：星尘（图片来源：课堂实践）

制板 11701 胡邵飞

杨乐

图9-39

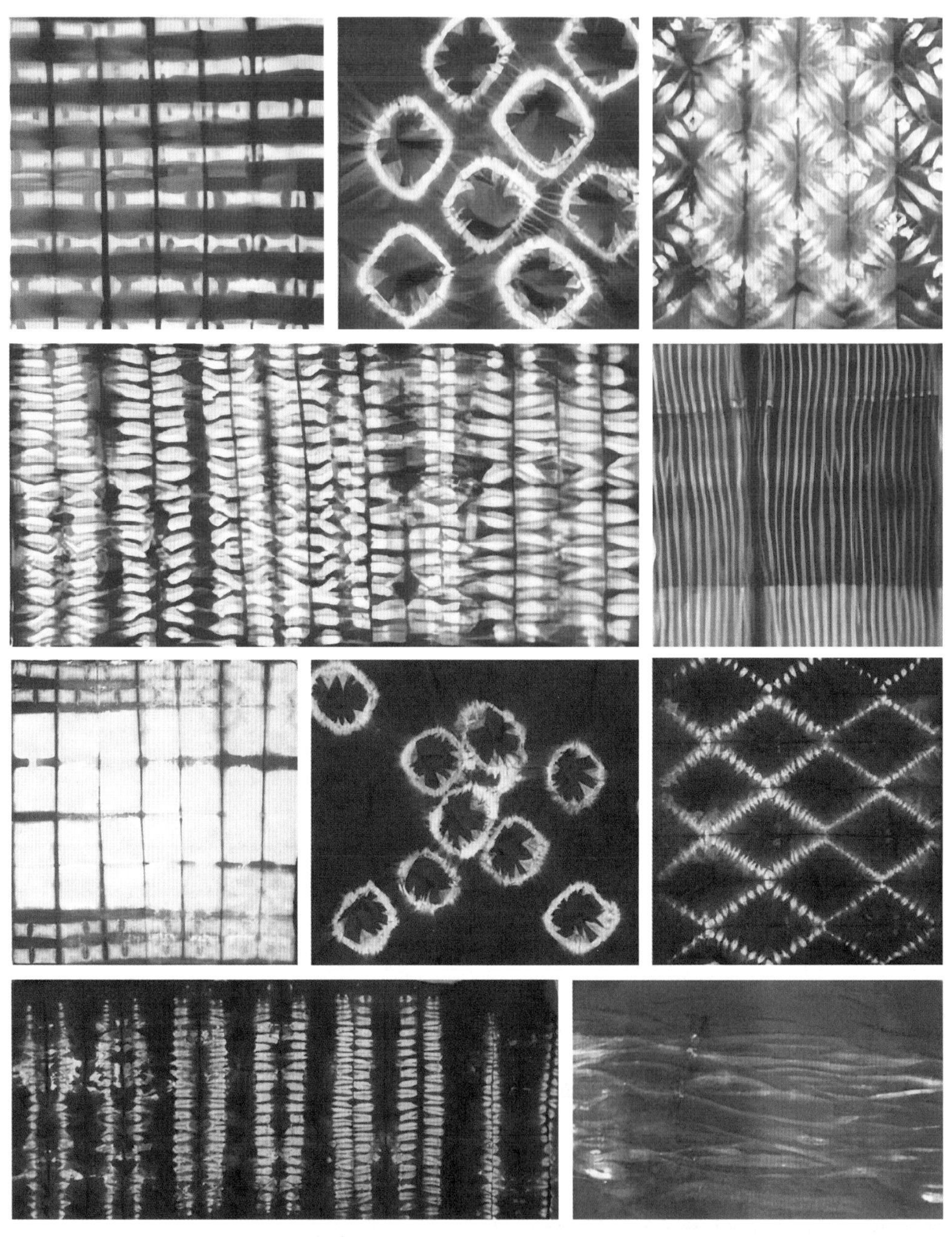

图9-39　主题训练中的基本针法、扎法的实践内容（图片来源：课堂实践）

色彩灵感

淡雅紫系

为了符合古城的色彩，最初决定用墨色，经过小组再三商讨，为求突破、开放思维，更好地与现代结合，根据主题名字“紫禁城”，最终我们选择紫色。

款式灵感

朴质素雅

在款式的选择上，我们想法很一致，简单素雅的款式更符合我们的主题气质。

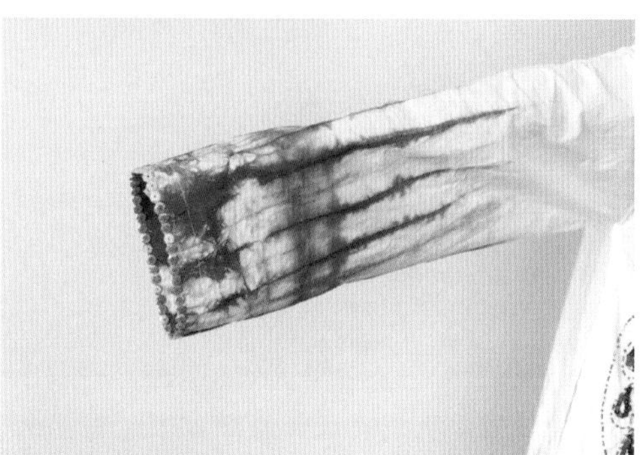

图9-40　系列服装设计（图片来源：课堂实践）

思考题

以2024春夏流行趋势色彩为导向，分组设计染色服饰作品一个系列四套。

参考文献

[1] 白雪. 传统手工印染工艺的审美特色[J]. 艺术科技，2017，30（5）: 317.

[2] 张钟月. 基于丝绸之路绞缬与屏风的设计研究[D]. 兰州：兰州交通大学，2020.

[3] 杨林菡. 综合材料绘画中绞缬表现形式的应用研究[D]. 兰州：兰州交通大学，2021.

[4] 余强. 中国民间传统染缬工艺考析[J]. 重庆三峡学院学报，2018，34（1）: 50-56.

[5] 周逸. 蜡染工艺在植鞣革皮具设计中的应用研究[D]. 贵州：贵州民族大学，2021.

[6] 赵丰. 丝绸艺术史[M]. 杭州：浙江美术学院出版社，1992.

[7] 王华. 蜡染源流与非洲蜡染研究[D]. 上海：东华大学，2005.

[8] 赵婉怡. 浙南蓝夹缬图案的意象特征研究与设计应用[D]. 杭州：浙江理工大学，2021.

[9] 陈梦雷. 古今图书集成·职方典[M]. 蒋廷锡校订. 上海：中华书局，1934.

[10] 黄亚琴. 从古代蜡染遗存看我国蜡染艺术的起源与发展[J]. 江苏理工学院学报，2014，20（3）: 35-39.

[11] 陈雅倩，么红梅. 非遗扎染技艺在文创产品中的传承与发展[J]. 纺织报告，2021，40（7）: 107-108.

[12] 李广根. 唐代染缬遗迹的艺术互鉴[J]. 美术教育研究，2020（10）: 31-32.

[13] 张博. 中国传统绞缬工艺研究[D]. 杭州：中国美术学院，2018.

[14] 姚进. 元代服饰设计史料研究[D]. 株洲：湖南工业大学，2013.

[15] 韩志远. 元代织染技术的创新与发展[J]. 文史知识，2020（6）: 5-12.

[16] 余涛. 历代缬名及其扎染方法[J]. 丝绸，1994（3）: 52-54.

[17] 于强. 中国民间传统染缬工艺考析[J]. 重庆三峡学院学报，2018，34（1）: 50-56.

[18] 管兰生. 中国古代传统染缬艺术研究与分析[J]. 艺术教育，2011（1）: 122-123.

[19] 李斌. 中国长三角地区染织类非物质文化遗产研究[D]. 上海：东华大学，2013.

[20] 高潜.《染织纺周刊》与全面抗战爆发前后的纺织行业[D]. 上海：东华大学，2019.

[21] 刘素琼. 现代扎染艺术特征与应用研究[D]. 无锡：江南大学，2015.

[22] 余强. 承续与变迁[M]. 北京：中国纺织出版社有限公司，2019.

[23] 刘晓俊. 传统扎染艺术在服装设计中的创新应用[J]. 设计，2018（6）: 99-101.

[24] 付慧珠. 传统扎染纹样在现代艺术设计中的应用[D]. 天津：河北工业大学，2014.

[25] 石雪萍. [纪检人·镜头]家乡的非遗艺术——扎染[EB/OL]. 宜良县纪委，2018-07-05.

[26] 江少鹏. 湘西扎染艺术在当代居室中的应用研究[D]. 昆明：昆明理工大学，2016.

[27] 华君伟. 扎染艺术与手工制作研究[D]. 上海：上海师范大学，2019.

[28] 丁会. 四川自贡扎染工艺的特色与创新研究[J]. 苏州工艺美术职业技术学院学报，2019（2）：6-11.

[29] 姜丽娜，梁惠娥. 南通民间扎染纹样的艺术魅力[J]. 丝绸，2011，48（1）：48-51.

[30] 王薇雅. 传统扎染艺术在围巾包装设计中的应用研究[D]. 郑州：中原工学院，2019.

[31] 刘丽娟. 大理白族扎染图案研究[D]. 昆明：云南艺术学院，2021.

[32] 李尚书，邵小华，杨兵. 比较视野下大理白族扎染与自贡扎染的形式解读[J]. 武汉纺织大学学报，2021，34（6）：43-48.

[33] 董斯琪. 扎染艺术在现代服装设计中的应用[D]. 北京：北京服装学院，2010.

[34] 史者. 浅谈中国传统草木染的传承与发展[D]. 天津：天津美术学院，2014.

[35] 梁显飞. 西南地区蜡染起源刍议[J]. 艺术评鉴，2018（6）：33-34，138.

[36] 郑祎琳. 图必有意，意必吉祥——以丹寨苗族蜡染为例谈民间美术的传承与发展[J]. 轻纺工业与技术，2020，49（8）：48-49，58.

[37] 徐博研. 丹寨苗族蜡染视觉语言的现代设计与应用[D]. 西安：西安工业大学，2021.

[38] 黄亚琴，项镇. 贵州蜡染风格特点及其文化内涵解析[J]. 纺织导报，2014（6）：149-152.

[39] 宋晓璐. 革家蜡染纹样在“围巾·革家新语”中的运用[D]. 贵阳：贵州民族大学，2018.

[40] 汪美谕. 苗族蜡染纹样艺术研究[D]. 西安：西安建筑科技大学，2016.

[41] 高昌，林开耀. 海南苗族蜡染工艺特点[J]. 装饰，1999（3）：16.

[42] 彭应美. 丹寨苗族蜡染在现代女装设计中的应用研究[D]. 成都：四川师范大学，2017.

[43] 王华，张春艳. 中国西南少数民族蜡染纹样的比较研究[J]. 纺织学报，2016，37（4）：101-106.

[44] 高文芝，周洪雷. 贵州蜡染在服装设计中的应用[J]. 染整技术，2019，41（8）：60-63.

[45] 郑哲滢. 贵州丹寨蜡染纹样与现代设计结合初探[J]. 艺术研究，2018（1）：8-11.

[46] 陈怡君. 论贵州苗族蜡染纹样之图腾崇拜[J]. 现代装饰（理论），2013（7）：219.

[47] 杨路勤. 丹寨苗族蜡染纹样的文化内涵[J]. 凯里学院学报，2015，33（4）：15-17.

[48] 黄蓓蓓. 苗族蜡染图案审美浅析[J]. 兰州教育学院学报，2016，32（5）：48-50.

[49] 张坤美. 贵州省丹寨县苗族蜡染的传统工艺与社会功能探析[J]. 人文世界，2015：461-485.

[50] 刘涵予，王羿. 衣饰斑布——贵州小花苗服饰蜡染工艺研究[J]. 美术大观，2018（1）：86-87.

[51] 吴庭金. 湘西凤凰蜡染文化研究[D]. 吉首：吉首大学，2019.

[52] 周晨晨. 贵州民间印染工艺研究[D]. 贵阳：贵州民族大学，2015.

[53] 姚月霞．蜡染和扎染艺术的图案风格及印染技术研究[J]．染整技术，2017，39（2）：1–4.
[54] 贾秀玲．植物靛蓝染料染色及固色工艺研究[D]．上海：东华大学，2012.
[55] 丹寨概况[EB/OL]．http://www.qdndz.gov.cn/zjdz/dzgk/.
[56] 杨晓辉．贵州民间蜡染概述[J]．贵州大学学报（艺术版），2008（3）：5–16.
[57] 谢亚平，杨茜茹，胡京融．传统手工艺技艺[M]．贵阳：贵州人民出版社，2017.
[58] 唐倩．贵州丹寨蜡染文化艺术特征在主题餐厅设计中的应用研究[D]．成都：西南交通大学，2016.
[59] 龙宗煜，张栩．传承与创新：湘西苗族蜡染工艺探究[J]．民艺，2020（2）：88–93.
[60] 郑巨欣．中华锦绣 浙南夹缬[M]．苏州：苏州大学出版社，2009：12.
[61] 柯佳龙．蓝夹缬图案的意象符号研究转化及在服装设计中的应用[D]．杭州：浙江理工大学，2022.
[62] 林帅君．温州蓝夹缬纹样在现代室内设计中的应用研究[J]．美术教育研究，2022（24）：61–63.
[63] 刘豆豆．浅谈苍南夹缬工艺的文化特征及价值[J]．美与时代（上），2013（11）：66–67.
[64] 杨思好，萧云集．温州苍南夹缬[M]．杭州：浙江影像出版社，2008.
[65] 栾龙威．论温州苍南蓝夹缬及其在现代设计中的应用[J]．美术大观，2012（11）：108.
[66] 刘显波，孙倩文．夹缬印染图案特征浅析[J]．大众文艺，2017（4）：96.
[67] 吴元新，吴灵姝．传统夹缬的工艺特征[J]．南京艺术学院学报（美术与设计版），2011（4）：107–110.
[68] 赵丰，段光利．从敦煌出土丝绸文物看唐代夹缬图案[J]．丝绸，2013，50（8）：7.
[69] 丁阳．论浙南夹缬的现状与传承发展[D]．杭州：杭州师范大学，2015.
[70] 袁恩培，马梦园．夹缬图纹的意象解读与当代价值[J]．中北大学学报（社会科学版），2014，30（6）：99–102，106.
[71] 郭倩．《铁弓缘》蓝夹缬的戏曲纹样分析[J]．四川戏剧，2019（9）：43–45.
[72] 胥筝筝，吴海铭，陈国强．浙南蓝夹缬元素在女性针织产品中的创新设计[J]．毛纺科技，2021，49（4）：82–86.
[73] 崔荣荣，陈宏蕊，王志成，等．传统灰缬蓝印的工艺及其造物思想考析[J]．丝绸，2020，57（1）：81–86.
[74] 王燕，赵红艳，胡荒静琳，等．中国蓝印花布起源的再研究[J]．丝绸，2019，56（7）：86–92.
[75] 毛攀云．邵阳蓝印花布艺术与再设计[J]．湖南人文科技学院学报，2016，33（4）：26–31.
[76] 何力，谭智琼．湘西凤凰蓝印花布艺术特征探析[J]．美术大观，2016（12）：96–97.

[77] 吴灵姝，倪沈键，吴元新. 南通蓝印花布[M]. 北京：文化艺术出版社，2017.
[78] 李学伟. 齐鲁民间蓝印花布的风格特征与传承发展[J]. 纺织学报，2012，33（3）：113–118.
[79] 刘嘉. 南通地区蓝印花布的艺术特征研究——与山东地区蓝印花布进行比较[J]. 美术教育研究，2021（8）：38–39.
[80] 李学伟. 齐鲁民间蓝印花布的风格特征与传承发展[J]. 纺织学报，2012，33（3）：113–118.
[81] 王心悦，叶洪光. 天门蓝印花布纹样特征的解析[J]. 山东纺织经济，2015（3）：27–29.
[82] 刘祎纯. 湖北蓝印花布传统纹样研究[D]. 武汉：武汉纺织大学，2016.
[83] 樊宗敏：传统植物纹样在服饰中的运用及大众审美研究[D]. 天津：天津职业技术师范大学，2019.
[84] 张巨平. 湖北天门的蓝印花布[J]. 装饰，2006（1）：91–92，95.
[85] 马雨清，徐利平，哀警卫. 桐乡蓝印花布图案寓意研究[J]. 山东纺织科技，2021，62（1）：40–43.
[86] 余美莲. 桐乡民间蓝印花布溯源及其艺术特色[J]. 染整技术，2019，41（6）：55–58.
[87] 林曙焕. 非遗工艺在服装设计中的应用——以安溪蓝印花布为例[J]. 纺织报告，2022，41（2）：42–44.
[88] 余明泾. 安溪民间蓝印花布的艺术摭遗[J]. 湖北第二师范学院学报，2014，31（10）：56–58.
[89] 贾莎莎，邬红芳，万顺吉. 砀山蓝印花布的艺术特征及文化内涵[J]. 武汉纺织大学学报，2017，30（5）：26–30.
[90] 张莹冉. 蓝印花布的艺术特征在现代服装设计中的创新应用[D]. 武汉：湖北美术学院，2022.
[91] 魏晓娟. 蓝印花布纹样的应用研究[D]. 杭州：浙江农林大学，2012.
[92] 张雷. 天门蓝印花布的技艺与文化研究[D]. 上海：东华大学，2018.
[93] 刘文良，龙芝燕，杨勇波. 布依族枫香染的传承瓶颈与创新发展研究[J]. 家具与室内装饰，2021（11）：49–53.
[94] 徐方. 贵州马尾绣与枫香染在空乘制服中的融合设计研究[D]. 郑州：中原工学院，2020.
[95] 刘春雨. 贵州三都水族豆浆防染工艺及纹样寓意阐释[J]. 染整技术，2017，39（10）：65–69.
[96] 潘瑶. 水族豆浆染的文化价值及传承现状浅议[J]. 黔南民族师范学院学报，2013，33（3）：47–49.
[97] 包淳，熊帝骅. 西藏传统工艺美术的生产性保护问题探讨——以藏族传统矿植物颜料的田野调查为研究个案[J]. 内蒙古艺术学院学报，2018，15（3）：21–26.

[98] 唐莹. 天然染色黄色系在女性贴身衣物上的应用[C]// 中国流行色协会. 2016中国色彩学术年会论文集. 出版地不详: 出版者不详，2016: 229–232.

[99] 宋炀. 术以证道: 植物染色术对中国传统服饰色彩美学之道的影响[J]. 艺术设计研究，2015 (4): 37–42.

[100] 张朝阳. 植物印染在服装设计上的应用探究[J]. 染整技术，2019，41 (1): 14–16.

[101] 王静敏. 植物染色设计研究[J]. 科学技术创新，2018 (11): 179–180.

[102] 张兆梅. 植物染色在当代艺术与生活用品中的设计运用[J]. 包装工程，2016，37 (16): 31–34.

[103] 石岳，蒋岩. 植物拓染在服饰设计中的创新应用[J]. 设计，2019，32 (15): 48–49.

[104] 谈君婕. 红色天然染料的制备及在纯棉针织物上的应用[D]. 常州: 常州大学，2021.

[105] 廖江波，任春光，杨小明. 先秦两汉石染矿物颜料及其染色考[J]. 广西民族大学学报 (自然科学版)，2016，22 (3): 50–54.

[106] 韩雪，刘凇奇，张殿微，等. 蛋白酶胭脂虫天然染料的提取及羊毛织物染色性能研究[J]. 毛纺科技，2012，40 (5): 41–44.

[107] 汤沈杨，陈梦瑶，肖花美，李飞. 胭脂虫及胭脂虫红色素的应用研究进展[J]. 应用昆虫学报，2019，56 (5): 969–981.

[108] 刘翠萍，罗炳金. 扎染技艺在家纺产品开发设计中的应用[J]. 山东纺织科技，2019，60 (2): 13–17.

[109] 张吉成. 现代扎染的艺术特色[J]. 艺术科技，2014，27 (6): 246.

[110] 魏琳. 扎染图形创作的现代表现手法[J]. 现代装饰 (理论)，2011 (3): 93–94.

[111] 王文静，惠若木，祖倚丹，等. 植物染服装产品的开发应用及可持续发展[J]. 上海纺织科技，2021，49 (6): 1–4.

[112] 爨舒心. 现代手工印染在服装上的创新运用[J]. 现代装饰 (理论)，2015，359 (6): 149–150.

[113] 盛乐. 传统手工印染服饰工艺品的创新设计[J]. 染整技术，2017，39 (1): 73–75.

[114] 宋良敏，朱佳涵. 现代扎染文创产品设计与制作研究[J]. 轻纺工业与技术，2021，50 (10): 13–15.

[115] 李璐. 云南白族印染艺术的文化创意产品设计[D]. 南昌: 南昌大学，2021.

后记

非物质文化遗产是中国人“记得住的乡愁”，是中华优秀传统文化重要的组成部分。习近平总书记指出，“要加强非物质文化遗产保护和传承，积极培养传承人，让非物质文化遗产绽放出更加迷人的光彩”。我们相信，包括非物质文化遗产在内的中华优秀传统文化通过创造性转化和创新性发展，一定能激活其内在的强大生命力，在新时代焕发新的光彩，增强我们的文化自信，让我们在世界文化激荡中站稳脚跟，永远记得“回家之路”。

笔者团队长期深耕荆楚纺织非遗文化资源与文化产业方向研究，主要聚焦荆楚传统印染文创产品设计开发。自2012年开始，着手带领学生团队田野考察，2015年组建校园文化品牌团队，对千年楚蓝文化进行深度挖掘与开发，培育了市级传承人1名，成功复原了千年的蓝染技艺。团队以蓝染作为切入点，奔赴湖北天门、武汉、黄陂、黄冈、老河口、宜昌各地探寻民间非遗传承人，组织乡民种植蓝染植物，从中萃取提炼蓝染染色染料。“纺大染语”工作室在荆楚纺织非遗文化传播、文创产品研发、设计人才培养等方面讲好“荆楚文化故事”，促进非遗活化路径创造性转化，与文旅融合发展，赋能乡村经济振兴，赋能乡村民俗文化，使染纺、染织、染绣等多种非遗技艺项目逐步形成蓝染特色系列文创产品，培养非遗文化专业人才和创新、创业人才，共同为促进就业和地方经济建设做出新的更大贡献。

2022～2023年，我们成功举办了“首届湖北蓝染文化产业基地大会”“第二届湖北蓝染文化产业基地大会”，总结了十余年的研究成果，相关创新成果被中央电视台、人民网、光明网、中新社等国家级媒体关注与报道。未来，我们将依托华中师范大学国家大学科技园平台优势，致力于非遗文创赋能乡村振兴文化发展，助推“文化+科技”非遗类创新创业人才培养。

本教材的完成，要感谢武汉纺织大学的支持，感谢服装学院以及教育部中华优秀传统文化传承基地（汉绣）、湖北省非物质文化遗产研究中心（武汉纺织大学）、华中师范大学国家大学科技园国家文化产业研究中心等提供学术支持与研究平台，参与成员有李玉莲、龚睿珂、白玥童、李小萌、罗家萍、杨开怡、顾彬群、申钰、周子鸣、袁乐怡、苏微、黄津晴、吴梦婷、郑依依、宋美昕、段佳佳、朱子骏、高宇彤、曹小玲、李永、方奕以及武汉交通职业学院王峥老师。

编著者

2024年9月